既有村镇住宅改造
加固技术指南集

李东彬　　葛学礼　　徐福泉　**主编**

中国财富出版社

图书在版编目（CIP）数据

既有村镇住宅改造加固技术指南集／李东彬，葛学礼，徐福泉主编 . —北京：中国财富出版社，2013.4

ISBN 978 - 7 - 5047 - 4266 - 7

Ⅰ. ①既…　Ⅱ. ①李…②葛…③徐…　Ⅲ. ①农村住宅—修缮加固—工程施工—指南　Ⅳ. ①TU746. 3 - 62

中国版本图书馆 CIP 数据核字（2012）第 098731 号

策划编辑	李瑞清	责任印制	何崇杭　王　洁
责任编辑	徐文涛　李瑞清	责任校对	杨小静

出版发行	中国财富出版社（原中国物资出版社）	
社　　址	北京市丰台区南四环西路 188 号 5 区 20 楼	邮政编码　100070
电　　话	010 - 52227568（发行部）	010 - 52227588 转 307（总编室）
	010 - 68589540（读者服务部）	010 - 52227588 转 305（质检部）
网　　址	http：//www. cfpress. com. cn	
经　　销	新华书店	
印　　刷	北京京都六环印刷厂	
书　　号	ISBN 978 - 7 - 5047 - 4266 - 7/TU · 0043	
开　　本	710mm×1000mm　1/16	版　次　2013 年 4 月第 1 版
印　　张	17.5	印　次　2013 年 4 月第 1 次印刷
字　　数	305 千字	定　价　38.00 元

前　言

我国是一个农业大国，根据《中国统计年鉴 2010》，截至 2009 年年底，全国有 7.1288 亿农村人口，占全国总人口的 53.41%，总计既有住宅面积 240 亿平方米，人均住房面积 33.6 平方米。每年新建的住宅面积非常大，仅 2009 年，农村新建住宅面积就达 10.21 亿平方米。自古以来，中国农村百姓建房都是个人行为，房屋从设计到施工没有任何标准、规范的指导和制约，采用何种结构类型、使用什么建筑材料，完全由房主根据自己的经济状况、当地的建筑材料以及文化传统和风俗习惯确定。因此，绝大部分村镇住宅在安全性、适用性和耐久性等方面存在不同程度的质量缺陷。

1. 村镇住宅功能难以满足居住需求

我国绝大部分村镇住宅平面布局和空间组合极不合理，仍有人畜混居、生产与生活不分、内外不分、动静不分、干湿不分、设施不全、设备简陋等不同程度的缺陷，其功能难以满足居住需求。

2. 资源利用效率低

目前，70% 以上的农户建新宅，旧宅仍然保留，两头占地，宅基地过大，建筑面积远大于实际需要，可耕土地大量被占用或闲置。随着经济的发展，住房的更新速度也在加快，农村过去几代人盖一次房，现在一代人盖几次房，住宅实际使用寿命很短，间接造成了资源的浪费。1998—2000 年的 3 年间，农村平均每年拆除住宅建筑面积 3.11 亿平方米，约占当年农房建设量的一半，损失总价值达 622 亿元。

3. 防灾抗灾能力薄弱，安全存有隐患

我国农村地域辽阔，村镇住宅可能面临地震、飓风、洪水和滑坡、泥石流等多种自然灾害的威胁，一次不大的灾害就会造成相当大的损失。地震灾害调查统计表明，在我国大陆近些年发生的 7 次 6 级以上的破坏性地震中，房屋与室内财产损失之和约占总直接经济损失的 84%。自唐山地震至今，我国大陆发生破坏性地震 60 余次，其中绝大多数发生在广大农村和乡镇地区，造成了严重的人员伤亡和经济损失。由现场震害调查可知，在同等烈度地震的破坏条件下，农村人口伤亡、建筑的倒塌破坏程度远高于城市。其主要原因是经济落后，村镇民宅在建筑材料、结构形式、传统建造习惯等方面存在严重问题，抗震能力差。

此外，多数既有村镇住宅室内电线老化，电闸、开关裸露，存在严重的火灾隐患。

4. 节能性差，能耗指标偏高

根据《中国能源统计年鉴 2008》，2007 年年底我国商品能源消费总量为 26.5583 亿吨标准煤，其中，农村地区生活消费商品用能约为 1 亿吨标准煤，如果加上沼气、秸秆、薪柴等非商品用能总量约为 2.6 亿吨标准煤，则农村地区生活消费用能将达 3.6 亿吨标准煤，占全国商品能源消费总量的 13.6%。

另外，由于目前农村炊事、取暖等用能方式不合理，导致污染严重。

5. 村镇住宅缺乏地方特色，聚落文明难以传承

住宅是文明的重要载体，应当根据地方气候、地形地貌、建筑材料和历史文化等特点来建设。然而，我国的村镇住宅建设缺乏地方特色，照搬城市住宅已经成为普遍的现象。许多地区盲目进行村镇建设改造，历史文化传统民居和传统风貌受到破坏。

"十一五"期间，科技部实施了科技支撑计划重大课题"既有村镇住宅改造关键技术研究"。针对我国既有村镇住宅存在的安全性、耐久性和适用性及房屋质量等一系列不足，课题组重点研究村镇住宅功能、结构、防灾、节能等改造技术以及防火技术、灾后恢复重建技术等，以提高既有村镇住宅的安全性、耐久性和适用性，改善目前村镇住宅的建设现状。

课题组进行了大量的村镇房屋现状、质量缺陷、灾害调查和试验研究工作，收集了村镇房屋地基基础、结构加固和抗震性能试验研究资料，在归纳总结各类村镇房屋特点的基础上，结合相关试验研究的成果，编著了《既有村镇住宅改造加固技术指南集》。

本书包括：绪论，既有村镇住宅结构现状，既有村镇住宅结构维修加固技术指南，既有村镇住宅结构抗震加固技术指南，既有村镇住宅结构地基基础加固技术指南，村镇灾后受损住宅快速评估指南，村镇建筑抗震、抗风评价方法，村镇住宅灾后修复与加固技术手册，村镇住宅灾后住区恢复重建规

划技术指导手册 9 部分。

本指南集密切结合我国村镇建筑结构的现状，充分考虑村镇民宅在建筑形式、结构特点、建筑材料、传统做法等方面的区域差异以及各类房屋的灾害特点、村镇经济发展水平和家庭经济现状，充分体现了"因地制宜，就地取材、简单有效、经济可行"的原则。

本指南集适用对象主要是基层设计单位（如县设计室）、乡镇施工队和乡镇建设技术人员以及村镇建筑工匠等，力求简明易懂。本指南集不仅给村镇建筑的建造者和管理部门提供方便，同时也希望能为致力于村镇建筑结构加固改造研究的科研人员提供有益的参考。

本指南集由李东彬、葛学礼、徐福泉统稿，第 1 章由李东彬编写，第 2 章由张彦辉、徐福泉编写，第 3 章由张彦辉、常卫华、曾银枝编写，第 4 章由曾银枝、常卫华、张彦辉编写，第 5 章由周戟编写，第 6、第 7、第 8、第 9 章由葛学礼、朱立新、于文编写。

本指南集是课题组几年来研究工作成果的总结，在此对参与并支持过课题研究工作的贾抒、肖代君、王毅红、张小云、潘文、陶忠、谢强、郭迅、刘爱文、陈惠民、黄襄云、窦远明等致以诚挚的谢意。他们有的提出了有益的建议，有的提供了有关的照片，有的在相关试验研究方面给予了我们很大支持。同时感谢科技部、住房和城乡建设部相关部门的领导和抗震领域相关专家的支持与指导。

编　者

2013 年 1 月

目录 Contents

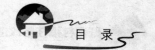

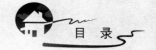

1　绪论

1.1　概述

我国是一个农业大国，农村地域辽阔，农村地域占全国土地面积的 70% 以上。根据《中国统计年鉴 2010》，截至 2009 年年底，全国有 7.1288 亿农村人口，占全国总人口的 53.41%，总计既有住宅面积 240 亿平方米，人均住房面积 33.6 平方米。每年新建的住宅面积非常大，仅 2009 年，农村新建住宅面积就达 10.21 亿平方米。在广大农村地区，村镇住宅的结构形式和建筑风格带有明显的地域性，一般都是由房主根据自己的经济状况、当地的建筑材料以及文化传统和风俗习惯来确定。

我国村镇建筑的结构类型主要包括四种：生土结构房屋，木结构房屋，砌体结构房屋，石结构房屋。

生土结构房屋主要包括：土坯墙房屋、夯土墙房屋（俗称干打垒或板打墙）和土窑洞。生土墙体承重房屋主要在我国西部和北方农村建造较多，华东、中南等经济较发达地区已基本逐步淘汰，但其中山区农村仍为数不少（20%~30%）。土窑洞主要在我国西北地区采用。

木结构房屋主要包括：穿斗木构架、木柱木屋架和木柱木梁房屋。穿斗木构架房屋主要分布在我国西南地区；木柱木屋架房屋在全国各地均有采用；木柱木梁房屋在华北地区较多采用。

砌体结构房屋主要包括：砖砌体房屋和砌块砌体房屋。砖砌体房屋由砖砌墙体和砖柱承重，是目前我国村镇中采用最普遍的结构形式。这类房屋按楼、屋盖结构形式可分为砖木结构和砖混结构；按墙体的砌筑方式又可分为空斗墙体、实心墙体和砖柱排架房屋。这类房屋北方农村多为单层，南方农村则以二层居多。砌块房屋近年来也在逐渐增多，承重主要是砌块墙体，木楼（屋）盖或混凝土楼（屋）盖。

石结构房屋主要包括：料石墙体、毛石甚至河卵石墙体房屋。石结构房屋在我国东南沿海以及山区较多采用，地域分布也较广。

此外村镇住宅结构还有混合墙体承重房屋，其中最常见的有砖土、石土混合承重房屋，木构架与墙体混合承重房屋。

砖土、石土混合墙体承重房屋，主要包括：下砖上土、下石上土、砖柱土墙、砖纵墙土山墙、砖外墙土内横墙、砖外山墙土纵横墙等房屋。砖土、石土混合墙体承重房屋目前在村镇中的数量已经较少了。

木构架与墙体混合承重房屋在村镇地区也较为普遍，此类结构的两端山墙为生土墙或砌体墙，硬山搁檩，房屋纵向中部为木构架承重。这类房屋在我国贫困地区农村均有采用，房屋的两端山墙与房屋纵向中部的木构架共同承重。在云南大姚地震灾区现场调查发现，这类房屋在农村占大多数，当地群众称其为"灯笼架"房屋。新疆巴楚地震中也发现这类房屋有较多倒塌。

1.2 既有村镇住宅改造的必要性

既有村镇住宅从设计到施工缺乏标准、规范的指导及配套管理机制的有效制约。村镇住宅普遍在安全性、耐久性和适用性及房屋质量等方面存在一系列不足，主要表现在以下五个方面。

1. 村镇住宅功能难以满足居住需求

目前，我国绝大部分村镇住宅功能难以满足居住需求。住宅平面布局和空间组合极不合理，人畜混居、生产与生活不分、内外不分、动静不分、干湿不分、设施不全、设备简陋，这样使得其不仅难以满足正常的居住需求，而且还可能会引发疾病。传统的农村住宅主要以家庭生活居住为主，没有明显的功能分区，发展养殖、种植的空间很小，改建的养殖设施普遍不符合科学养殖的要求，绝大多数住宅不具备经营功能。

2. 资源利用效率低

据统计，人均村镇建设用地从1993年的147.8平方米增加到2002年的167.7平方米，增幅达13.5%，村镇每人平均增加了19.9平方米的建设用地。2002年全国城乡建设用地总量为20.34万平方千米，其中村镇建设用地16.71万平方千米，高达82%，是城市建设用地总量的4.6倍。现在，70%以上的

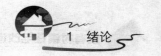

农户建新宅，旧宅仍然保留，两头占地，宅基地过大，建筑面积远大于实际需要，可耕地大量被占用或闲置。随着经济的发展，住房的更新速度也在加快，农村过去几代人盖一次房，现在一代人盖几次房，住宅使用寿命很短，间接造成了资源的浪费。1998 ~ 2000 年的 3 年间，平均每年拆除住宅建筑面积 3. 11 亿平方米，约占当年农房建设量的一半，损失总价值达 622 亿元。目前在村镇住宅与住区的评估、整治更新领域，还没有建立一套完整的针对现有村镇住区与住宅功能、质量、能源消耗、安全性和环境友好性的评估体系以及解决相应问题的技术措施。

3. 防灾抗灾能力薄弱，安全存有隐患

村镇住宅面临地震、飓风、洪水和滑坡、泥石流等自然灾害的威胁，一次不大的灾害就会造成相当大的损失。

地震造成的人员伤亡大部分是由于房屋倒塌破坏引起的。地震灾害调查统计表明，在我国大陆近些年发生的 7 次 6 级以上破坏性地震中，其中房屋与室内财产损失之和约占总直接经济损失的 84%。因此，提高村镇房屋的抗震能力是减少人员伤亡和经济损失关键和根本途径。我国抗震设防烈度 6 度 ~ 9 度地震区约占国土面积的 70% 以上（注：为避免重复，本书"烈度 6 度、7 度、8 度、9 度"即"抗震设防烈度为 6 度、7 度、8 度、9 度"）。自唐山地震至今，我国大陆发生破坏性地震 60 余次，其中绝大多数发生在广大农村和乡镇地区，造成了严重的人员伤亡和经济损失。由现场震害调查可知，在同等烈度地震的破坏条件下，农村人口伤亡、建筑的倒塌破坏程度远高于城市。其主要原因是经济落后，村镇民宅在建筑材料、结构形式、传统建造习惯等方面存在严重问题，抗震能力差。例如，2005 年 11 月 26 日发生在江西的 5.7 级地震，就造成 17 人死亡，20 人重伤，1.8 万余间房屋倒塌，60 多万人需要转移安置。

我国洪涝灾害对村镇造成的人员伤亡和经济损失十分严重，如 1998 年长江中下游及嫩江流域等地特大洪水，倒塌房屋 685 万间，经济损失高达 2551 亿元人民币。风暴也是使村镇遭受严重灾害的灾种，我国平均每年约有 10 余个台风登陆。如 2001 年第 2 号台风"飞燕"在福建登陆，使受灾范围达到 21 个乡镇的 434 个行政村，受灾人口达 106.2 万人，损坏与倒塌房屋 2500 多间。福建省竭尽全力，采取强制办法转移人员，但仍有 122 人死亡。2006 年 7 月 14 日第四号强热带风暴"碧利斯"在福建霞浦登陆以来，洪涝灾害在浙江、福建、江西、湖南、广东和广西已造成 156 人死亡，141 人失踪，紧急转移安置 169.7 万人。

此外，多数既有住宅室内电线老化，电闸、开关裸露，存在严重火灾隐患。

4. 节能性差，能耗指标偏高

根据《中国能源统计年鉴 2008》，2007 年年底我国商品能源消费总量为 26.5583 亿吨标准煤，生活消费用能 2.6790 亿吨标准煤。其中，农村地区生活消费商品用能约为 1 亿吨标准煤，仅为全国商品能源消费总量的 3.8%，但沼气、秸秆、薪柴等非商品用能总量约为 2.6 亿吨标准煤，如果全部转化为商品能源，则农村地区生活消费用能将达 3.6 亿吨标准煤，占全国商品能源的消费总量的 13.6%。如果考虑农村地区发生的农林牧副渔水利业商品用能 0.8 亿吨标准煤，即使不考虑工业等农村地区用能，整个农村地区的用能也将达到 4.4 吨标准煤，占全国商品能源消费总量的 16.6%。随着我国农村经济的发展和农村生活水平的提高，这一数字将不断提高。

另外，由于目前农村炊事、取暖等用能方式不合理，导致污染严重。长期以来，村镇使用的大多数是老式的传统灶，直接燃烧农作物秸秆、薪柴和煤炭，燃烧效率低，燃烧消耗量大、性能差，同时产生大量的有害物质散发到室内，造成室内空气质量恶劣，主要的污染物为可吸入颗粒物和 CO，这些导致呼吸道疾病，慢性阻塞性肺病、哮喘、肺癌等疾病。

我国农村人多地广，节约能源消耗潜力巨大。在农村大力推进生活节能，推广应用保温、省地、隔热的新型建筑材料，改善建筑物外围护结构（外窗、外门、屋面、外墙及地面）保温隔热性能差与建筑物密封性不佳，发展节能型住房，开发太阳能等新能源，将有利于优化农村能源结构，提高农村室内空气质量，提高农民生活品质。

5. 村镇住宅缺乏地方特色，聚落文明难以传承

住宅是文明的重要载体，应当根据地方气候、地形地貌、建筑材料和历史文化特点来建设。但现在我国的村镇住宅建设却缺乏地方特色，照搬城市住宅已经成为普遍的现象。许多地区盲目进行村镇建设改造，历史文化传统民居和传统风貌受到破坏。

随着社会主义新农村建设目标的提出，村镇生产生活方式的转变，村镇住宅将逐步由"面积型"需求向"舒适型"需求转变，既有村镇住宅已不能

满足现代村镇居民的生产生活的需要，其改造迫在眉睫。既有村镇住宅的综合改造在节约投资、节约资源和能源、保持地方民居特色和延续村镇文脉等方面比拆除重建具有明显的优势。通过对既有村镇住宅综合改造，不仅能直接改善和提高广大村镇居民的生活质量，还将会形成数以千亿元计的巨大建筑市场，拉动相关产业的技术进步，显著降低大规模拆建所带来的环境和能源压力，具有巨大的社会、经济和环境效益。

1.3　国内外技术现状及发展趋势

1. 国内现状

改革开放以来，农村的产业经营方式发生了巨大变化，但是，由于传统生活方式的延续性和变化的滞后性，农民的居住环境并没有随之发生根本的转变。在科技方面，对于村镇建设缺乏有针对性的研究，难以为新时代农村的建设和发展提供有力的技术支持。"九五"期间的农业科技计划是围绕农业科技展开的，共安排了 22 个项目、800 多个专题，但是没有涉及农村物质空间环境的研究。"九五"期间与住宅相关的"2000 年小康型城乡住宅科技产业工程"和"十五"期间的"居住区与小城镇建设关键技术研究"都是主要围绕城镇住宅展开的，没有真正触及我国广大农村腹地的特殊需要和技术解决方案。

"十一五"期间，科技部实施了科技支撑计划重大课题"既有村镇住宅改造关键技术研究"。课题组针对我国既有村镇住宅在安全性、耐久性、适用性及房屋质量等方面存在一系列不足的现状，重点研究村镇住宅功能、结构、防灾、节能等改造技术，以及防火技术、灾后恢复重建技术等，提高既有村镇住宅的安全性、耐久性和适用性，为改善目前村镇住宅的建设现状提供技术支撑。

2. 国际趋势

由于不同的社会经济背景的差别，在西方发达国家，无论城市住宅还是村镇住宅、住宅建设都是和工业化、城市化进程密切结合在一起的，关于城市住宅和村镇住宅的研究并没有严格的界定和区分。目前，国外住区和住宅技术发展趋势主要表现在以下几个方面。

（1）可持续与宜居性理念、原则和方法融于住区与住宅的规划设计中。

可持续发展是 21 世纪人类面临的共同问题，是当今城市与住区发展的一个主要趋势。在可持续住区的基础上，近年来宜居性成为国际上住区发展的另一目标。"宜居"（Livable）是指适宜人居住。适宜人居住的环境包括自然的生态环境，也包括一定的社会人文环境。只有同时具备良好的生态环境和人文环境，才真正可以被称为"宜居"。联合国提出的口号是："让我们携起手来共建一个充满着和平、和谐、希望、尊严、健康和幸福的家园"。这也是对"宜居"概念另一种全面而科学的诠释。宜居与健康、安全、文化、环境以及基础设施密切相关。

根据可持续的发展纲领，各个国家都制定了住区发展量化的评价标准，覆盖城乡。同时，在可持续的原则基础上，形成了一系列针对居住健康、环境、能源等具体问题的技术和方法。

（2）更加关注住宅对人的健康的影响。居住健康问题的挑战已经引起了全世界居住者和舆论的关注，今天的住宅建设要确保居住者广泛意义上的健康，包括生理的和心理的、社会的和人文的、近期的和长期的、多层次的健康。回归自然，亲和自然的健康生活方式已成为当今人类共同的心声。随着居住条件恶化、环境污染、人际关系冷漠等问题的蔓延，改变现状、让住区朝着人居健康目标发展，是当今住区建设的历史责任。

（3）追求住宅全寿命中资源的有效利用。城乡住区达到资源的有效利用、把对环境的影响降到最低、实现环境的可持续性已成为共识。在资源有效利用方面，现代住区强调区域能源的合理利用和节约方式，例如集中使用的基础设施；可再生能源（自己提供能量，回收废物，收集和处理污水）的利用，以及通过太阳能、风能等来达到能源自给自足；研究节约能源的聚落形式和住宅形式（集合式住宅）；开发节能建筑设计，利用适宜技术并选用合适的环保节能的建筑材料，减少住房对热量、水和能源的需求与消耗；对于水、绿地等自然资源的生态利用等。

（4）力求保护和发扬传统聚落文明。国际社会还十分注重对传统聚落的保护与利用，先后出台了一系列的宪章建议，如 1975 年的《关于保护历史小城镇的决议》、1976 年的《关于历史地区的保护及其当代作用的建议》、1982年的《关于小聚落再生的 Tlaxcala 宣言》、1999 年的《关于乡土建筑遗产的宪章》等，都为各国进行传统聚落的保护提供了很好的技术依据。美国、法国、英国和日本等国家也纷纷开展传统村镇的保护与利用，并取得了较好的保护

效果。

（5）科技进步推动住宅产业化的发展。随着农村产业的高度集约化，国外村镇住宅的产业化已经完全与城市住宅同步发展。走入 21 世纪，各国都在展望住宅产业技术发展。特别是日、美、欧共体等发达国家，都结合自身的情况，制订了住宅产业科技发展规划，大致包括：改造旧城区，完善防灾体系；改善居住条件，不断改进室内设备和部品质量；进一步发展完善住宅建筑工业化；研究与开发新型建筑材料；开发建筑节能和新能源；广泛应用计算机技术；发展机器人在建筑中的应用；研究环境治理的技术；加强对技术质量与管理研究等。

从 20 世纪 70 年代中期以后，欧美等西方发达国家越来越重视既有住宅的改造和功能提升。通过对既有住宅的功能改善、结构维修、改造加固、节能改造、中水回用、再生资源利用等技术的应用，使既有建筑重新焕发生机，融入当代生活。2005 年，美国、英国既有建筑改造的建设费用已占总建设费用的一半以上。但由于我国村镇住宅与先进国家存在较大差异，因而目前国外尚没有适合我国村镇住宅改造可直接借鉴的成熟技术。

2　既有村镇住宅结构现状

2.1　村镇生土结构房屋现状

　　生土结构房屋是指用未经焙烧的土坯、灰土和夯土为承重墙体的房屋及土窑洞、土拱房。灰土墙指掺石灰或其他黏结材料的土筑墙和掺石灰土坯砌筑的土坯墙。土窑洞包括在未经扰动的原土中开挖而成的靠崖式及下沉式窑洞和土坯、黏土砖砌筑拱顶的独立式窑洞。

　　生土建筑的特点是就地取材、因地制宜、建造方便且经济实用、冬暖夏凉。因此，在我国广大村镇地区，尤其是经济尚不发达的地区仍在使用。

　　生土墙体承重房屋以墙体承受屋盖系统的全部荷载，屋架或檩条可放置于铺有木垫板或垫梁的生土墙上。按其结构体系可分为纵横墙共同承重房屋、横墙承重房屋。按墙体的不同做法来区别，可以分为三种类型：用土坯砌成的，包括土坯与砖混砌的组合墙；用夯土墙夯筑的，包括椽打墙与板打墙两种；其他类型的，包括土坯与夯土组合墙，以及石、夯土、土坯组合墙两种。如图 2-1-1 所示，分别为土坯墙房屋与夯土墙房屋。

（a）土坯墙房屋　　　　　　　　（b）夯土墙房屋

图 2-1-1　一般单层生土结构房屋

此外，生土窑洞在我国历史悠久，主要分布在甘肃、宁夏、青海、陕西、河南、河北等省区。如图2-1-2所示，为陕西渭南某靠崖式窑洞。

（a）窑洞外观　　　　　　　　　　　　（b）窑洞室内

图2-1-2　陕西渭南某靠崖式窑洞

2.1.1　结构形式

1. 横墙承重房屋

一些贫困地区的生土房屋多采用横墙搁檩的形式，以简化屋盖结构，降低造价，如图2-1-3所示。此种形式在横墙上直接搁置檩条，无圈梁，整体性较差。纵墙仅承担自重，起围护和稳定作用。由于山墙与屋盖没有有效的拉结措施，在纵向地震作用下，山墙承受檩条传来的水平推力，易产生外闪破坏。

图2-1-3　横墙承重房屋内部　　　　**图2-1-4　纵、横墙共同承重房屋内部**

2. 纵、横墙共同承重房屋

这类房屋主要是依建筑功能建成，为满足使用要求，中间为大开间，两端为小开间，取消中间的横墙，换之以屋架或大梁搁置于外纵墙，而两端采用硬山搁檩，如图 2 - 1 - 4 所示。这种纵横墙混合承重体系，由于墙体间以及屋盖与墙体的实际连接较弱，整体性较差，抗震性能较弱。

3. 墙体类型

（1）土坯砌筑墙

土坯砌筑墙体施工工艺较为简单，由于采用泥浆砌筑，强度通常较低，常用于单层生土房屋。按照土坯砌筑方法可分为立砌土坯墙和卧砌土坯墙。立砌工艺施工速度快，但整体性和强度较差；卧砌工艺施工速度慢，强度较高，整体性好，如图 2 - 1 - 5 所示。

（a）立砌土坯墙体　　　　　　　（b）卧砌土坯墙

图 2 - 1 - 5　土坯砌筑方法

（2）夯土墙

调研发现，全国大部分地区夯土墙承重房屋为一层，但在江西、福建仍然普遍存在两层夯土墙承重房屋。

夯筑土墙对土料性能有一定要求，宜采用黏性土或粉质黏土，黏粒含量较低墙体强度较低，黏粒含量过高，墙体容易形成干缩裂缝。夯筑土料常进行简单的改性处理，如加入稻草、石子、石灰等材料。为增强墙体稳定性通常下层墙体较厚，上层墙体较薄。典型的二层夯土墙承重房屋如图 2 - 1 - 6 所示。

（3）夯土、土坯混合墙体

夯土、土坯混合墙体下部为夯土墙，约占墙高的 2/3，上部为土坯砌筑，如图 2－1－7 所示。采用此类做法通常是为了降低施工难度，加快施工速度。

图 2－1－6　二层夯土墙承重房屋

图 2－1－7　夯土、土坯混合墙体承重房屋

4. 屋盖结构

经调研发现，几乎所有生土结构房屋的屋盖均为木屋盖，有几种形式最为常见，即中间木屋架两端硬山搁檩屋盖、中间木柱木梁两端硬山搁檩屋盖以及硬山搁檩屋盖。

三角形木屋架形式如图 2－1－8 所示，是由上、下弦杆、竖杆、斜腹杆组成的平面桁架，上弦杆上搭檩，檩上搭椽，椽上布置屋面，形成整个屋盖体系。

图 2－1－8　三角形木屋架
（无边榀木构架，采用硬山搁檩）

图 2－1－9　横墙支承檩条

横墙和硬山搁檩屋盖是檩条直接搁置在生土横墙上形成屋盖，如图2-1-9所示。这种结构形式省去了屋架，造价相对低廉，但过多的横墙会将室内空间分隔零碎，不利于满足较大空间的使用要求。

2.1.2 构造措施与结构布置

村镇生土房屋的布局比较简单，一般为单层3~5开间。由于农民自主建房，普遍缺乏抗震意识，房屋多数没有采取抗震构造措施，主要问题表现在以下几个方面。

1. 墙体间缺少连接措施

生土墙承重的房屋，墙体连接较弱，墙体之间以及墙体与木梁间没有任何拉结，在地震中容易失稳而破坏。

2. 屋盖整体刚度较弱，屋面构件与墙体间缺少连接

一些房屋开间和进深尺寸过大，许多房屋不设置门窗过梁。木梁、木檩条直接支承于墙体上，没有可靠、牢固的连接措施。端部房间的檩条往往直接搁在山墙上，不加任何措施。地震时，山墙容易外闪，造成屋盖塌落。

3. 墙体不闭合

有的生土结构房屋正面为木质墙板和门窗，其他三面为夯土墙，墙体在平面内不闭合。这就破坏了房屋的整体性，降低了房屋的抗震能力，是抗震的大忌。

4. 屋盖较重

在冬季寒冷地区，为了满足保温要求，一些地区的房屋屋面做法为：屋顶上采用木檩条加苇席，上加十几至几十cm厚覆土，有的还逐年加厚。由于屋面荷载过重，加大了房屋的地震作用，地震时屋顶易塌落，甚至会导致支撑屋面的木构架或承重墙倒塌。

5. 施工工艺与施工质量差

大多数生土房屋的施工工艺、方法不合理，施工质量不高，对房屋的静载及抗震性能有不利影响。主要表现在以下两个方面。

(1) 墙体夯筑施工工艺较差，由于缺乏可靠的技术手段，土料含水量控制不好，夯筑的密实度不足，致使夯筑墙体的强度较低。

(2) 土坯墙体施工时，砌筑方式不合理，如内、外墙未同时咬槎砌筑，

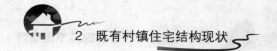

土坯墙的土坯未错缝卧砌或泥浆不饱满等。

2.1.3 房屋在使用过程中产生的质量缺陷

我国村镇生土房屋按照当地的传统和风俗习惯，以及工匠的建房经验进行建造，未经过正规设计和计算，且大部分房屋没有采取抗震构造措施，结构的承载能力和抗震性能难以保证。由于施工质量差以及抗震构造措施的缺乏，造成生土房屋在使用过程中易出现下列问题和缺陷。

1. 墙体裂缝

生土墙体通常较为厚重，当地基基础宽度不足或埋深较浅、地基承载力不足时，会因地基基础不均匀沉降导致房屋主体结构产生破坏，墙体产生裂缝或倾斜。墙体重量的不均匀以及局部竖向集中荷载的作用也是导致墙体开裂的重要原因。

生土墙体裂缝中较为常见的一种是干缩裂缝，此类裂缝在墙体的分布较为均匀，如图2-1-10所示。施工时土体含水量较大，或黏粒成分比重较大的土体，均易在使用过程中造成墙体干缩裂缝。实地调研发现，生土墙体的裂缝宽度最大可达到30~40mm，过宽的裂缝会导致墙体承载力降低甚至基本失去侧向承载力，造成明显的安全隐患。

图 2 - 1 - 10　承重生土墙体裂缝

2. 纵横墙连接处开裂

当纵横墙连接处缺乏拉结构造措施时，在此位置极易出现竖向裂缝，严重影响结构整体性，如图2-1-11、图2-1-12所示。

图 2 - 1 - 11　纵横墙连接处产生裂缝

图 2 - 1 - 12　墙体连接处开裂

3. 墙体局部受压裂缝

当屋盖檩条或木梁直接搁置在生土墙上，未设置木垫板或其他分散局部压力的构件时，支撑处生土墙体直接承担由屋盖系统传来的竖向集中荷载，由于墙体夯土或土坯的抗压强度通常较低，承重墙体在局部承压状态下使用阶段就会产生竖向裂缝，对墙体的承载和抗震极为不利，如图 2 - 1 - 13 所示。

图 2 - 1 - 13　集中荷载作用下墙体竖向裂缝

当房屋过梁在墙体上的支承长度不够时，门窗洞口处也易出现裂缝或者周边墙体的局部破坏，如图 2 - 1 - 14、图 2 - 1 - 15 所示。

图 2 - 1 - 14　窗洞口边墙体局部破坏

图 2 - 1 - 15　门洞口边墙体局部破坏

4. 墙体整体性较差

部分土坯墙房屋砌筑时采用整体性较差的立砌工艺，立砌土坯之间的竖缝中没有泥浆粘接，严重影响土坯墙体的整体性和承载能力，如图 2 - 1 - 16 所示。

有的地区墙体材料混杂，如"里生外熟"等外砖内土坯的做法，不同砌块之间不能咬槎砌筑，墙体形成两张皮，不利于抗震，如图 2 - 1 - 17 所示。

图 2 - 1 - 16　立砌土坯墙体

图 2 - 1 - 17　"里生外熟"墙体

5. 雨水侵蚀墙体

生土墙体防水性差，而墙体又不易采取防水措施，下部受雨水侵蚀会使墙脚受潮剥落，削弱墙体截面，降低墙体的承载力，如图2-1-18所示。

图2-1-18 墙体根部雨水侵蚀

6. "碱蚀"破坏

调查中在河南新乡以及陕西渭南见到一种现象就是墙体底部、勒脚以上的墙身大量剥落，民间称之为"碱蚀"破坏，如图2-1-19所示。侵蚀情况与勒脚高度、防潮做法等因素有关，如果勒脚较高和有防潮措施的墙，则其剥落情况较轻。

（a） （b）

图2-1-19 墙体"碱蚀"情况

2.1.4 生土结构常见震害现象

生土结构房屋在地震烈度7、8度时，其主要震害形式表现为整体倒塌，屋盖塌落，墙体开裂、酥碎、倾斜，山墙与横墙分开等，墙体与屋盖系统搭接处以及纵横墙的交接处震害也较严重，常造成梁、檩移位，甚至落架等震害。该类型房屋抗震能力差，在地震烈度8度区大部分严重破坏或倒塌。

1. 生土墙承重房屋的震害

生土墙承重房屋，通常为硬山搁檩。破坏形式为生土墙体破坏、出平面外闪导致房屋局部或全部倒塌，如图2-1-20所示。有的房屋由于整体性差，在水平地震作用下，纵横墙连接处受力复杂，当交接处没有可靠的连接时，易出现竖向裂缝，如图2-1-21所示。而墙角位于房屋端部，受房屋整体约束较弱，地震作用产生的扭转效应会使其产生应力集中而导致破坏，如图2-1-22所示。

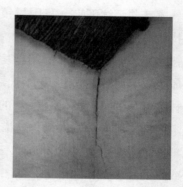

图2-1-20 生土房屋屋顶坍塌　　　图2-1-21 纵横墙连接产生裂缝

2. 窑洞的震害

黄土窑洞在震区常见的震害类型有窑脸塌落、土体坍塌、洞顶坍塌以及滑坡引起窑洞整体破坏等（如图2-1-23所示）。土拱窑由于黏土土坯强度

图2-1-22 墙角破坏　　　　　图2-1-23 窑洞坍塌

低、墙体整体性和稳定性差、拱顶过重等而易造成墙体外闪,拱顶塌落。崖窑的抗震性能较好,但窑脸易局部或全部塌落。震区死亡人员主要是窑洞坍塌所致,其中窑洞结构不合理也是导致洞顶土体坍塌的主要原因,个别窑洞位于不稳定的边坡上,地震诱发滑坡便会引起窑洞整体塌毁,压埋人员与牲畜。

2.2 村镇木结构房屋现状

木结构建筑是中国传统建筑的主体,因木材用于建筑有诸多优点,如取之易得、便于加工、适应性强、重量轻、施工方便等,从而促进了木结构的发展、成熟并延续下来。我国村镇木结构住宅的建造技法大多仍旧沿袭传统建造技法。

在北方地区现存村镇木结构房屋中,大部分建造年代都较久,现存木结构房屋大多建于 20 世纪 80 年代之前,农村新建房屋中很少有木结构房屋。由于林木资源的日渐稀缺,完整的木结构体系越来越少,为降低建造成本大多数木结构房屋省去了部分构造措施,甚至部分取消木柱,转而由墙体承重,形成了砖木混合承重结构。近二三十年来,农村住宅建造中更是出现了以钢代木或以混凝土代木的趋势,如图 2-2-1、图 2-2-2 所示。

图 2-2-1　采用钢筋拉杆的三角形木屋架　　图 2-2-2　替代木柱的预制混凝土柱

与北方地区不同,南方地区特别是西南地区林木资源相对丰富,穿斗式木结构在新建住宅中仍有广泛的应用。西南山区和少数民族地区穿斗式木结构仍是主要的住宅结构形式,在这些地区木结构住宅仍然焕发着生机与活力。

2.2.1　结构形式

1. 北方地区的主要木结构住宅

我国北方地区包括华北、东北和西北地区，冬季气候寒冷干燥，该地区覆盖了戈壁、沙漠、山地、平原、丘陵等多种地形地貌。

北方地区院落布局多为四合院或三合院的形式。主房坐北朝南，东西厢房多用作厨房或储藏室。房屋平面布局通常为矩形，多为单层，分 3 ~ 5 个开间，屋架间距 3m 左右。房屋的进深一般为 4 ~ 6m，房屋檐口高度多为 2.5 ~ 3.0m，坡屋面为草泥层上盖瓦。为满足采光要求，屋正面大多南向。房屋正面门窗面积较大，背面一般不开窗，大多数木结构房屋不带前廊，如图 2 - 2 - 3、图 2 - 2 - 4 所示。

图 2 - 2 - 3　抬梁式木构架住宅　　　图 2 - 2 - 4　门式木构架住宅

北方地区木结构住宅的主要结构形式是木柱木屋架和木柱木梁，其中木柱木梁结构包括抬梁式木构架和门式木构架，木柱木屋架则主要以三角形木屋架为主，如图 2 - 2 - 5（a）所示。

华北地区传统木结构住宅以抬梁式为主如图 2 - 2 - 5（b）所示，也有部分门式木构架房屋如图 2 - 2 - 5（c）所示。部分抬梁式木构架在山墙部分使用穿斗式做法，中间榀采用抬梁式构架，这样可以在边榀木构架上使用较细的木料，从而起到节省木材的作用。同样为节省木材，部分房屋采用木柱木屋架与砖墙混合承重的住宅，常见做法是省去后排木柱或边榀木屋架，屋架或檩条直接搁置于砖墙之上。

（a）三角形木构架　　　　（b）抬梁式木构架　　　　（c）木柱木梁木构架

图 2-2-5　北方地区木结构形式

　　木柱木屋架结构由木柱承重，屋架为三角形桁架。木柱与三角形屋架采用榫节点连接，采用扒钉或铁钉进行加固，屋架节点处搁置檩条。北方地区近几十年新建的房屋当中，采用三角形木屋架的房屋仍有很多，但木柱已逐渐由砖墙、砖柱或混凝土柱替代。近年来，三角形木屋架也有三角形钢屋架替代的趋势。

　　2. 南方地区的主要木结构住宅

　　我国南方地区木结构住宅以穿斗式木结构为主，该结构的房屋具有空间大、通风好的特点，适应南方湿热气候。结构方面整体性好，具有良好的抗震性能。该类房屋主要分布于华东、华南、特别是西南地区，且有许多是两层楼或带有阁楼的两层楼房。西南地区森林资源丰富，木材易于获得，因此，该地区仍保留着大量木结构住宅，新建住宅中仍有很大一部分是木结构住宅。

　　从房屋外形上看，穿斗木结构房屋分为一坡水、两坡水和四坡水三种形式，常用的是三柱落地或是五柱落地的两坡水房屋，如图 2-2-6 所示；多为一到二层，三到五开间，房屋高度较高，层高一般为 3~4m，建筑总高度一般达 5~8m，砖、石或土坯砌体围护墙。屋面一般为瓦屋面，椽上直接铺

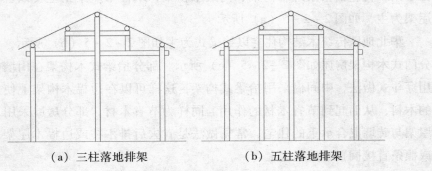

（a）三柱落地排架　　　　　　（b）五柱落地排架

图 2-2-6　南方地区穿斗式木结构

瓦，如图2－2－7、图2－2－8所示。穿斗式木构架房屋的屋顶一般是平坡，不作反凹曲面。有时以垫瓦或加大瓦的叠压长度使接近屋脊的部位微微拱起，以取得近似反凹屋面的效果。

图2－2－7　广西二层穿斗式木结构民居　　图2－2－8　江西一层穿斗式木结构民居

　　穿斗式木结构房屋的建造，根据当地的经济条件，其风格略有差别。较好的房屋体系完整，每榀木架五柱（即五大架），条石基础，经济条件较好的采用砖砌围护墙；经济条件较差的采用土坯或夯土围护墙，墙厚50～80cm，两坡水，黏土瓦或石棉瓦屋顶。稍差的房屋为每榀三柱，多为毛石基础，少数为条石基础，黏土瓦或茅草屋顶。穿斗式木构架用料较少，建造时先在地面上拼装成整榀屋架，然后竖立起来，具有省工、省料，便于施工和比较经济的优点。同时，密列的立柱也便于安装壁板和筑夹泥墙。

　　穿斗式木结构还存在地区差异，山区少数民族地区的木结构还有干栏式和半干栏式结构，如图2－2－9所示。此类住宅依地形而建，部分临水建筑建成"吊脚楼"的形式，如图2－2－10所示。主要特点有：层数为二、三层；底

图2－2－9　傣族干栏式木结构住宅　　图2－2－10　湘西"吊脚楼"木结构

21

层架空通透，既防潮又轻盈，可关养牲畜，也可作存储用；中层住人，内部空间宽敞，空气流通自如；顶层为阁楼，用以存储粮食，也可住人。

2.2.2　构造措施与结构布置

木结构在建造的过程中，工匠技术水平参差不齐，或者由于经济条件的限制，导致木结构构造与结构布置方面存在缺陷。

1. 构造措施

通过对村镇住宅的调查发现，由于受经济条件的制约，村镇住宅木结构因普遍缺乏抗震构造措施而存在结构的抗震缺陷，主要表现在以下几方面：

（1）节点连接弱

村镇木结构的结构形式一般为传统木结构的简化形式。为节省木材，降低造价，人们大多只注重满足竖向荷载的承载要求，构造措施经常被省略。如抬梁式木结构大多不设置梁枋或檩枋，如图 2－2－11、图 2－2－12 所示。穿斗式木结构省去檩枋，这些简化措施都会相应降低节点的刚度和强度，对结构抗震不利。

　　　图 2－2－11　梁下未设置梁枋　　　　　图 2－2－12　檩下未设置檩枋

（2）墙体与木柱间无可靠连接

村镇房屋的木柱与墙体以及檩条与墙体之间一般没有拉结措施，如图 2－2－13、图 2－2－14 所示。由于屋架与墙体的振动特性不同，在无可靠连接的情况下不能协同工作，地震时相互撞击，会加重房屋的破坏。

图 2 - 2 - 13　木柱与生土
墙体之间无拉结措施

图 2 - 2 - 14　木柱与砖砌
体墙之间无拉结措施

（3）围护墙体强度过低

木构架房屋的围护墙多为土坯墙、夯土墙、外砖里坯墙或空斗墙。墙体整体性差，强度低。

2. 结构布置

木结构房屋的平面布置宜规则、对称，并应具有良好的整体性；建筑的立面和竖向剖面宜构造简单，应避免拐角或突出，开间数不宜超过 5 个；同一房屋不应采用木柱与砖柱、砖墙等混合承重；木柱木梁结构宜建单层，高度不宜超过 4m，木柱木屋架和穿斗木构架房屋不宜超过二层，总高度不宜超过 7m。调查发现村镇木结构结构布置方面的问题主要为以下几个方面。

（1）墙体与木结构混合承重

部分木结构房屋为降低造价，取消后墙处承重木柱，将屋架一端直接搁置于后墙之上，形成墙体与木结构混合承重结构。由于屋架与墙体的振动特性不同，地震时极易造成屋架一端从墙体上滑落，造成屋面垮塌，如图 2 - 2 - 15 所示。同样为节省木材、降低造价，部分房屋不设端屋架，采用硬山搁檩（檩条直接搁在山尖墙上），端山墙处不设柱和屋架，山墙与檩条又没有牢固的连接措施，山墙高，稳定性差，特别是土山墙易外闪倒塌，导致屋盖塌落，如图 2 - 2 - 16 所示。

图2-2-15　木屋架一端置于砖墙之上　　图2-2-16　硬山搁檩的混合结构房屋

（2）结构平面布置不对称

北方地区房屋由于采光需要大多数无前纵墙，或前纵墙开洞率较大，而后墙习惯上不开窗或仅开小高窗，结构的刚度分布不均匀，在地震作用下，容易发生扭转破坏。

（3）屋盖过重

北方地区的木柱木梁式木构架，通常为强梁弱柱，木柱支撑上部屋架及屋面荷载，如平顶木构架柱细而梁粗，头重脚轻，且为满足防寒保暖要求，屋面大多覆有比较厚的泥背，造成屋面荷载过大，水平地震作用集中于屋盖处，降低了结构的安全度，如图2-2-17所示。

（4）房屋过高

南方地区的穿斗式木构架房屋，为满足通风的需要，房屋一般比较高大，并且出于多雨地区的排水要求，屋面坡度较大，部分房屋椽上直接搁瓦，在地震和强风作用容易出现溜瓦甚至墙倒顶塌的情况，如图2-2-18所示。

图2-2-17　厚重的屋面　　　　　　图2-2-18　屋面坡度大

2.2.3　房屋在使用过程中产生的质量缺陷

作为建筑材料，木材本身存在着许多缺陷，如疖疤、斜纹、裂缝、干裂、等，而且受环境影响易腐、易蛀、易燃，导致木结构承载能力逐渐减退，因此，木结构需要频繁地进行维护和修复，若木结构长时间没有得到维护，就会导致木结构多种问题的出现。

通过调查发现，由于现存木结构建造年代久远，在环境因素的长期作用下，木材大多存在裂缝、槽朽、虫蛀等缺陷，这些缺陷降低了结构的抗震性能。

1. 木构件的开裂

由于住宅建造时，一些木材含水量过大，其表层部分比内部容易干燥，而木构件内外收缩不同步导致裂缝的产生和开展；或由于梁、柱受荷时间过长，木材本身材质下降导致抗拉、压、弯、剪等性能降低，在外力作用下木材产生开裂现象。木构件的开裂导致木构件内的应力重分布，降低了木构件的承载能力；同时，裂缝加大了构件与空气接触的面积，也降低了耐久性。

调查表明，木构件裂缝问题是村镇木结构住宅最普遍的问题。木构件开裂轻则影响到房屋外观，给居住者造成一种不安全的感觉；重则降低构件的承载能力，甚至影响到结构的安全。如图2-2-19、图2-2-20、图2-2-21、图2-2-22所示为村镇木结构各类构件的裂缝图片。

图2-2-19　木梁裂缝

图2-2-20　左侧瓜柱裂缝

图 2 - 2 - 21 木柱裂缝

图 2 - 2 - 22 梁头开裂

2. 木构件糟朽和虫蛀

木构件如长期处于潮湿环境中，很容易发生糟朽，常见的部位有柱根及屋面的椽条、檩条等。柱根由于包砌在墙内，缺乏通风，天长日久便会产生糟朽；椽条、檩条因在屋面位置，当屋面漏雨时，也常常因为浸水而产生霉变糟朽，如图 2 - 2 - 23、图 2 - 2 - 24、图 2 - 2 - 25、图 2 - 2 - 26 所示。糟朽使得木构件有效截面面积减小，承载力降低，对结构的安全性和耐久性非常不利。

木构件的糟朽情况与气候状况密切相关，在温暖潮湿地区容易出现；而木构件的通风条件和防水状况则对木构件的耐久性起主要作用。通常，埋于墙内的木柱若有水分侵入则更容易腐朽，屋面长期渗水也会引起屋面结构构件的腐朽。

图 2 - 2 - 23 严重虫蛀的木梁

图 2 - 2 - 24 椽条糟朽

图 2 - 2 - 25　柱脚糟朽

图 2 - 2 - 26　木梁糟朽

3. 木构件挠曲

　　木结构住宅的水平承重构件如木梁、檩条等在长期荷载作用下，或超载的情况下，由于材料性能老化造成木材弹性模量降低以及抗弯能力下降，导致跨中挠度大大超过规范允许值，木柱在偏心荷载的长期作用下也会导致构件的挠曲。

4. 榫卯节点受损

　　榫卯连接是木结构连接的主要形式，主要用于木柱与屋架、屋架杆件、木檩与木檩之间的连接。在长期荷载作用下或因木材本身收缩，梁、柱节点位置很容易发生拔榫、卯口胀裂等现象，如图 2 - 2 - 27。拔榫使节点的抗弯刚度显著降低，结构变成几何可变体系，降低了整体性，因此会严重影响结构承载及抗震性能。

图 2 - 2 - 27　榫卯节点拔出

5. 木构件其他质量问题

木构件截面尺寸不足，以及木材自身缺陷包括木材疤疖、斜纹、翘曲、锯口伤等，还有结构遭受火灾轻微损伤的构件，如图2-2-28、图2-2-29所示。

图2-2-28　翘曲的木檩　　　　图2-2-29　脊檩开裂后农民自行加固

2.2.4　木结构常见震害现象

由于村镇木结构房屋多数存在质量缺陷，抗变形能力和承载力均明显降低，同时由于建造时普遍缺少抗震构造措施，因而容易造成在地震力作用下的破坏或倒塌。木结构的主要震害现象表现在以下几个方面。

1. 屋面破坏、屋盖垮塌

南方穿斗木结构房屋在屋架上放置檩条，檩条上是椽子，瓦片直接铺在椽子上，在倾斜的屋架上，瓦片与屋架本身没有什么连接，瓦片与光滑的椽子之间的摩擦力较小，在地震过程中瓦片很容易从椽子上滑落。溜瓦是中、低烈度地震就会发生的震害。

烈度6~7度区，常见檐口瓦局部掉落及屋瓦下滑。烈度8~9度区，屋瓦普遍下滑，部分瓦碎裂掉落，房屋的檩与木构架之间脱榫或檩条断裂后引起屋盖局部塌落。如图2-2-30、图2-2-31所示。

2. 木构架整体变形、倒塌

木结构房屋的梁柱之间通常是榫接，节点的强度和刚度较低，通常也不设置斜撑、水平撑等抗侧力措施，在较大的水平地震作用下节点一旦松动就会变成铰接，成为几何可变体系，结构随之发生倾斜甚至是解体倒塌，如图2-2-32、图2-2-33所示。

图 2 - 2 - 30　房屋部分倒塌，
部分瓦片震落

图 2 - 2 - 31　一层穿斗式木构
架房屋部分倒塌

图 2 - 2 - 32　屋架解体

图 2 - 2 - 33　屋架倾斜

　　房屋发生倾斜破坏，木柱木梁和木柱木屋架结构主要发生在房屋的横向，穿斗式木屋架主要发生在纵向。一旦木构架发生倾斜，起围护作用的墙体就很可能会被推倒。

　　3. 承重构件破坏

　　承重构件破坏表现为木柱木梁折断。村镇木构架承重房屋由于构件断面过小或立柱对接，从而导致木柱、木梁、木檩等构件在地震力作用下因强度不足而发生破坏。

　　4. 节点破坏

　　在地震产生的拉力和扭矩作用下，梁柱节点处易发生拉榫、脱榫、折榫的现象，进而导致大梁脱落，木构架局部破坏或全部塌落。

　　5. 柱脚滑移

　　柱脚移位是木结构房屋破坏的一种常见形式，木构架房屋的柱子与柱墩没有固定的连接，在地震中容易发生柱脚的移位，如图2-2-34、图2-2-35所示。

图2-2-34 柱脚滑移

图2-2-35 柱脚滑移

6. 墙体破坏、倒塌

墙体的开裂和外闪等破坏是地震中最普遍的现象，严重时土坯墙、砖墙局部或整体倒塌。墙体整片倒塌的多数是土坯墙，墙体整体的外闪、倒塌，木构架有的倾斜，有的基本完好（"墙倒架不倒"现象），如图2-2-36、图2-2-37所示。

图2-2-36 围护墙体全部倒塌

图2-2-37 房屋背面墙体倒塌

总体来说，木构架承重房屋的木构架部分构造较合理，空间稳定性较好，且有一定的变形能力，在地震中震害普遍比围护墙体轻。在烈度7~8度区，

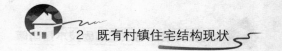

木构架房屋一般在屋面和墙体部位破坏，木构架则基本完好。资料显示，烈度9度区有少量木构架倒塌。但因木构架节点处没有用铁件、扒钉等连接，各构件之间的连接薄弱，一些房屋年久失修，木构件没有进行过处理，虫蛀严重或腐朽剥蚀，截面削弱，削弱了木构架的整体性和木构件的承载力，地震时也会首先破坏进而引起其他构件的破坏。

2.3　村镇砌体结构及石结构房屋现状

村镇砌体结构住宅是指乡镇与农村中层数为一层或二层，由块体和砂浆砌筑而成的墙、柱作为主要受力构件，采用木或冷扎带肋钢筋预应力圆孔板楼（屋）盖的一般民用房屋。村镇砌体结构住宅常用的块体材料有砖砌体和砌块砌体。在我国村镇建筑中砌块砌体的数量较少，是因为砌块砌体的造价较高且施工比较繁琐。村镇住宅的屋盖结构差异较大，有单坡屋盖、双坡屋盖和平顶屋盖，其中双坡屋盖在北方和南方地区均普遍存在，平屋盖一般只存在于降水较少的北方地区，单坡屋盖较少，主要在陕西、甘肃农村采用，或用于临时性的构筑物中，如农村常用来存放农机具的仓库和牲畜圈舍等。

根据调查，山区和近山区的村镇住宅有些采用石结构房屋，石结构房屋的结构形式和震害特点与砌体结构房屋类似。

目前我国村镇砌体结构房屋无论是建筑外观还是结构形式都呈现出较大的地区差异性。就建筑形式而言，华北和东北地区住宅普遍存在大开间、大门窗；南方地区村镇住宅较多的考虑到雨季和台风的影响，一般采用排水性能较好的大坡屋面。北方地区砌体结构房屋较多采用纵墙承重方案，屋架直接搁置在外纵墙上，缺乏有效连接；南方地区的砌体结构房屋在采用相应抗震构造的同时，有的也考虑抗风的因素，屋盖与墙体之间采取了拉结措施。

2.3.1　结构形式

根据调查村镇调研资料进行统计分析，目前我国村镇砌体结构房屋按竖向承重结构分为：横墙承重、纵墙承重、纵横墙混合承重以及墙体与柱混合承重、底框砖混结构、外推墙等几种结构形式。

1. 横墙承重房屋

当横墙间距较小且坡屋顶时，贫困地区多采用硬山搁檩的形式，如图 2 - 3 - 1 所示。横墙上直接搁置檩条，无圈梁，整体性较差。纵墙仅承担自重，起围护和稳定作用。由于屋盖没有有效的拉结措施，山墙平面外抗弯刚度很小，纵向地震作用下，山墙承受檩条传来的水平推力，易产生外闪破坏。按照《镇（乡）村建筑抗震技术规程》的要求，硬山搁檩仅适于抗烈度为 6、7 度的地区，在 8 度及以上高烈度地区不应采用。实际应用非常普遍。

当横墙间距较小且为平屋顶时，经济条件中等地区如华东、中南地区多采用横墙上直接搁置预应力圆孔板，如图 2 - 3 - 2 所示。

图 2 - 3 - 1　横墙承重，硬山搁檩

图 2 - 3 - 2　横墙承重，预制楼板

砖拱结构为横墙承重的砖拱无梁屋盖，如图 2 - 3 - 3 及图 2 - 3 - 4 所示。一般采用黏土砖起拱，拱脚落于横墙之上。这种屋盖较混凝土屋盖造价相对较低，但由于拱结构对支座稳定性要求较高，支撑屋盖的横墙在地震力作用下稍有外闪即有可能造成屋面坍塌。现在实际应用这种结构的地区较少。

图 2 - 3 - 3　横墙承重，砖拱结构外貌

图 2 - 3 - 4　横墙承重，砖拱结构内部

　　总之，横墙承重体系由于横向墙片较多，抗震性能较好，但必须保证纵、横墙的连接以及楼、屋盖与墙体的连接，否则会出现由于整体性较差而引起严重破坏，如外纵墙由于拉脱而倒塌，山墙外闪，以及楼、屋盖的塌落等。

　　2. 纵墙承重房屋

　　房屋使用要求有大开间时多采用纵墙承重。屋架沿开间置于纵墙顶，屋架之间除搭接檩条外，无其他拉结措施，也没有设置剪刀撑等加强稳定的构件。双坡屋顶时多采用钢（木）屋架，平屋顶时有采用混凝土梁或木梁替代，如图 2-3-5、图 2-3-6、图 2-3-7 所示。这类房屋由于横墙间距较大，横向刚度较差，对纵墙的支承较弱，纵墙在地震作用下易出现弯曲破坏。纵墙承重房屋在实际应用中非常普遍。

图 2-3-5　纵墙承重，钢屋架

图 2-3-6　纵墙承重，混凝土梁

图 2-3-7　纵墙承重，木梁

　　3. 纵横墙承重房屋

　　这类房屋主要是依建筑功能要求，一般要求中间为大开间，两端为小开间，中间未设横墙，换之以屋架或大梁搁置于外纵墙，而两端采用硬山搁檩或直接搭预制楼板等,如图2-3-8、图2-3-9所示。这种纵横墙混合承重体系由于墙体间以及屋盖与墙体的实际连接较弱,整体性较差,抗震性能较弱。

图2-3-8 纵横墙承重结构

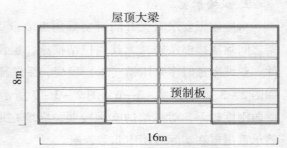

图2-3-9 纵横墙承重结构平面图

4. 纵墙与柱混合承重房屋

该类结构为纵墙与柱混合承重结构体系,屋架一端直接搁置于后纵墙墙顶,另一端置于前纵墙轴线的柱上,柱材料根据当地情况选用,如图2-3-10、图2-3-11、图2-3-12所示。这类房屋的缺点是:由于房屋开间较大,横向抗震能力不足;而且普遍缺少前纵墙,降低了纵向刚度;同时前排柱与外纵墙的刚度相差较大,造成平面刚度中心与质心偏离,这也降低了结构的抗震性能,使其容易发生扭转破坏。混凝土柱顶有埋件与屋架连接,木柱与屋架一般有榫连接,而砖柱与屋架的连接措施相对较弱,且砖柱的延性不足,抗侧移能力较差,地震作用下更易倒塌。这几种形式在各地均有采用,尤其在北方追求正面较大采光要求时,应用非常普遍。

图2-3-10 纵墙与混凝土预制柱

图2-3-11 纵墙与木柱

图 2 – 3 – 12　纵墙与砖柱

5. 底框砖混结构承重房屋

这类房屋结构由于使用功能的需求，临街的建筑在底部设置商店、车库等，而上部各层为住宅，一般为二层或三层。房屋的底部因大空间的需要采用框架结构，上部因纵横墙比较多采用砌体墙承重结构，具有比多层框架结构造价低且便于施工等特点，性价比较高，在经济发达的村镇地区较多，由于采用了现浇楼板，并有构造柱和圈梁，房屋的整体性较好，个别地区也有用预制楼板。底框结构由于上刚下柔，地震时底层易发生变形集中，可能出现过大的侧移而严重破坏。比如在汶川大地震中，一些底框砌体房屋，底层未设抗震墙或设置砖抗震墙的数量不足，由于底层破坏严重而发生整体倒塌，上部完全塌落地面。如图 2 – 3 – 13、图 2 – 3 – 14 所示分别为底框砖混结构和底框—抗震墙砖混结构房屋建筑。

图 2 – 3 – 13　底框砖混结构

图 2 – 3 – 14　底框—抗震墙砖混结构

6. 外推墙砖混结构

这类房屋在华东和西南地区较多，属纵（横）墙承重体系，楼板一般采用现浇楼板或预制楼板如图 2 – 3 – 15 所示。由于建筑习惯，前纵墙在二层横向外挑，有的甚至前后均外挑，这就造成横向外挑的二层外纵墙与一层的外纵墙上下不连续，结构的竖向刚度分布很不均匀；且有些地区（如浙江文成、江西瑞江等地）房屋的二、三层外挑的外纵墙厚度突变为 120mm，二、三层纵向只有楼梯间两侧为 240mm 的墙体，有的甚至仅有一道 240mm 的墙体，这样导致此类房屋在地震力作用下二、三层普遍破坏严重。

（a）   （b）

图 2 – 3 – 15　外推墙

2.3.2　构造措施与结构布置

1. 材料性能

调查表明，农村中大多数房屋黏土砖墙体所用黏土砖强度在 M10 以下，砂浆强度在 M0.4 ~ M1.5（用手可捻碎），远低于砖的强度。砂浆的强度和砌筑质量的好坏决定了墙体抗剪承载力。当墙体受到的地震剪力超过其抗剪承载力时，墙体就会产生剪切破坏，其表现形式是墙面出现与水平线呈 45 度左右的斜裂缝或交叉斜裂缝等，且主要是沿灰缝开裂的。

石砌体结构房屋大多采用毛石砌筑，由于当地资源条件和经济状况的不同，毛石房屋的砌筑砂浆强度差别很大。经济状况好的用水泥砂浆砌筑，经济状况不好的甚至用黏土泥浆砌筑。这种房屋由于泥浆黏性差、墙体松散，地震中倒塌严重，其抗震能力还不如土坯墙房屋。

2. 构造措施

如图 2 – 3 – 16 和图 2 – 3 – 17 所示分别是单层砖木结构房屋示意图和结

构布置图，从图中可以看出，一般村镇房屋的布局比较简单，功能以实用为主。由于农民自主建房，普遍缺乏抗震意识，房屋布置不尽合理，且多数没有采取抗震构造措施。

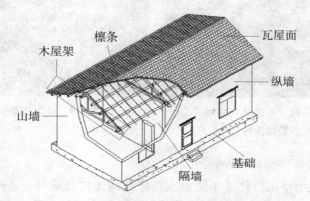

图 2 - 3 - 16　单层砖木结构房屋示意图

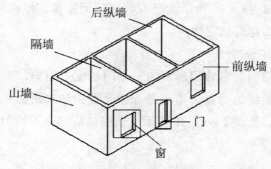

图 2 - 3 - 17　结构布置图

（1）墙体整体性较差

除经济条件较好的地区在多层房屋中有圈梁、构造柱外，大部分地区单层砌体结构一般不设置圈梁，有的设置了圈梁却不封闭，有的仅在基础上部设置地梁。纵横墙交接处一般不设置构造柱，多数咬槎砌筑，个别房屋未采用咬槎砌筑，如图 2 - 3 - 18 所示，部分房屋有水平拉结筋。

屋盖与墙体无有效连接，檩条搁置在墙体上，一旦檩条拔出，屋盖就会完全塌落，如图 2 - 3 - 19 所示。有的钢屋架与墙体仅通过简易螺栓连接，地震作用下极易松动脱开。

图2-3-18 未设马牙槎和
拉筋的构造柱

图2-3-19 硬山搁檩，无有效拉结

（2）屋盖系统的整体性较差

屋盖系统的整体性较差主要表现在屋架间无拉结构件，各榀屋架间除檩条间可能有扒钉连接外，无其他平面外稳定措施，不能形成稳定体系，各屋架在地震力作用下不能协同受力，一旦发生平面外错动和变形，就有屋盖塌落的危险。如图2-3-20所示为已安装完的钢屋架，屋架间除檩条搭接外，无拉结措施和剪刀撑等稳定构件。

3. 结构布置不合理

单层的砖混房屋前纵墙门窗多为一个门搭配一扇窗，后外纵墙不开洞或仅开小窗。近年新建的房屋为追求采光，通常会加大正面墙体门窗洞口，使墙体开洞率过大，如图2-3-21所示，造成结构刚度不均匀，窗间墙荷载过大而开裂。

图2-3-20 钢屋架间无连接构件

图2-3-21 正面开洞率过大

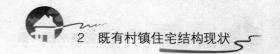

如图 2-3-22 所示是由于结构布置不合理,端跨墙体局部突出,外挑阳台直接与突出的横墙连接,由于局部承受较大竖向压力而引起墙体裂缝。由于刚度不均匀,导致突出部分的外墙也会引起开裂。

4. 墙体施工工艺差,缺乏正规设计

根据调查,我国村镇砌体结构房屋普遍采用实心砖墙,但由于各地建筑工匠的技术水平不同,砌筑质量存在较大差异。常见问题为:不能同时砌筑的纵横墙;应留斜槎而实际留直槎;砖墙灰缝饱满度较差,砂浆铺砌厚度不均匀、竖向灰缝不饱满,如图 2-3-23 所示,有的甚至仅采用泥浆砌筑。这些做法均严重削弱砖墙的承载力,降低了房屋整体性和抗震能力。

图 2-3-22　悬挑阳台端部墙体开裂

图 2-3-23　竖向灰缝不饱满

在我国华东、华南地区较多采用的空斗墙房屋,由于墙体水平横截面的有效面积减小,整体连接较差,其抗震性能明显较实心墙房屋差。墙体的重要部位应砌成实心墙,例如门窗洞口的两侧、纵横墙交接处、室内地坪以下勒脚墙、楼板下面的 3~4 皮砖和承受集中荷载的部位(如屋架或梁下)。实际中农民建房时随意性较大,重要部位也并未采用实心砌筑,存在较大安全隐患。

2.3.3　房屋使用过程中产生的质量缺陷

砌体墙体裂缝问题较为普遍。由于农村多地处山区,软弱地基,砂土液化地基及不均匀土层的比例很高;而且农村机械条件有限,地基处理方法不当,所以在静力荷载长期作用下地基基础产生不均匀沉降时,房屋墙体很容易出现开裂,甚至倾斜,如图 2-3-24 所示;若遇地震,房屋易产生严重变形或倒塌。

（a）外纵墙斜裂缝　　　　　（b）外纵墙水平拉裂　　　　（c）窗下墙斜裂缝

图 2 - 3 - 24　外墙裂缝

2.3.4　砌体结构常见震害现象

历次震害表明，未设防的老旧建筑比经设防的新建建筑破坏严重，纵墙承重房屋比横墙或纵横墙承重房屋破坏严重，平面形状不规则的建筑物震害比简单体型的建筑物严重，节点构造不合理、纵横墙拉结不充分、整体刚度差，均为地震严重破坏的隐患。

总结历次地震宏观调查结果，可以看出村镇砌体结构的震害现象主要表现在以下几点。

1. 房屋倒塌

地震时，当结构下部、特别是底层墙体强度不足时，易造成房屋底层倒塌，从而导致房屋整体倒塌；当结构上部墙体强度不足时，易造成上部结构倒塌，并将下部结构砸坏；当结构平、立面体形复杂又处理不当或个别部位连接不好时，易造成局部倒塌。如图 2 - 3 - 25、图 2 - 3 - 26、图 2 - 3 - 27、图 2 - 3 - 28 所示为几种房屋倒塌图。

图 2 - 3 - 25　房屋整体倒塌　　　　　图 2 - 3 - 26　外墙倒塌

图 2 - 3 - 27   纵墙外闪

图 2 - 3 - 28   墙体严重开裂

2. 墙体开裂

砌体结构墙体在地震作用下可以产生不同形式的裂缝。与水平地震作用方向相平行的墙体受到平面内地震剪力以及竖向重力荷载的共同作用,当该墙体内的主拉应力超过砌体抗剪强度时,就会产生斜裂缝或交叉斜裂缝;当墙体受到与之方向垂直的水平地震剪力作用,发生平面外受弯时,也会产生裂缝。

门窗洞口开得多而且大的墙体破坏严重,如窗间墙布置不合理,墙段长度过大或过小,宽墙垛因吸收过多地震作用而先坏,窄墙垛则会因稳定性过差也随后失效。对于大洞口的上部过梁或墙梁,在竖向地震作用下,有时会在中部断裂破坏。当洞口过大且过高时,若洞口边缘离最近的垂直方向墙体过长而无有效约束,形成悬墙,也容易造成失稳而率先破坏。如图 2 - 3 - 29、图 2 - 3 - 30、图 2 - 3 - 31、图 2 - 3 - 32 所示为几种墙体开裂图。

图 2 - 3 - 29   门洞口墙体开裂

图 2 - 3 - 30   窗口墙体开裂

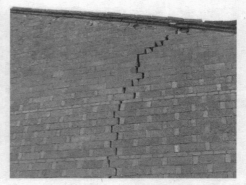

图 2 - 3 - 31 门窗洞口处墙体剪切裂缝 　　图 2 - 3 - 32 空斗墙外墙斜裂缝

3. 纵横墙连接处破坏

在水平及竖向地震作用下，纵横墙连接处受力复杂，应力集中。当纵横墙交接处连接不好时，易出现竖向裂缝，甚至造成纵墙外闪倒塌，如图 2 - 3 - 33、图 2 - 3 - 34 所示。

图 2 - 3 - 33 纵横墙体连接处开裂 　　图 2 - 3 - 34 开洞处内横墙开裂

4. 墙体转角破坏

墙角位于房屋端部，受房屋整体约束较弱，地震作用产生的扭转效应使其产生应力集中，纵横墙的裂缝又往往在此相遇，因此成为抗震薄弱部位之一。

5. 楼、屋盖破坏

主要是由于楼板或梁在墙上支撑长度不足，缺乏可靠的拉结措施，在地

震时造成塌落，如图 2 - 3 - 35、图 2 - 3 - 36、图 2 - 3 - 37、图 2 - 3 - 38
所示。

图 2 - 3 - 35 空斗墙转角处墙体开裂

图 2 - 3 - 36 墙倒，屋盖塌落

图 2 - 3 - 37 大梁拔出，屋盖塌落

图 2 - 3 - 38 墙倒，屋盖塌落

上述破坏大体可以归纳为三类：一是由于房屋结构布置不当引起的破坏；
二是由于结构或构件承载力不足而引起的破坏；三是由于构造或连接方面存
在缺陷引起的破坏。

2.4 村镇房屋地基基础

2.4.1 村镇房屋地基基础现状

我国村镇建筑分布范围广泛，地域差别大，村镇房屋建设的地质条件各种各样，一般都未经过地质勘察和设计，并且由于安全和防灾意识淡薄，存在大量建造于山坡、河滩、回填土等软弱不均的地基土上的建筑；另外，还有大批建造于湿陷性黄土、膨胀土、冻土等特殊地基土上的建筑。

我国村镇房屋基础的类型一般为毛石基础、砖基础，还有少量的混凝土基础和三合土基础。地基土有填土、软土、砂土、粉质沙土、基岩、碎石等。砌体结构及石结构房屋主要采用毛石基础和砖基础，地基处理方式一般为素土夯实。木结构的基础主要是条形毛石基础和砖基础，一般作素土夯实处理。生土结构的房屋基础一般是毛石基础、砖基础和灰土基础，素土夯实。村镇房屋基本都是由村民自己建造的，由于没有明确的规范，很多地基基础处理不当，导致房屋存在严重的安全隐患。

1. 砌体结构（含石结构）房屋地基基础

村镇房屋一般设置在有利地段，但也有一些地区的房屋设置在山坡上或选址存在大范围的地质缺陷，虽然采取了适当的地基处理措施，但仍然达不到规定的抗震设防要求，需要采取进一步的加固措施。对于一些选址在山区的村镇，除了要加强房屋自身的抗震设防要求以外，还要对地震造成的山体滑坡、泥石流等潜在的威胁采取必要的措施。

根据调研，对基础类型及地基的处理方式统计如表 2-4-1、表 2-4-2 所示。

表 2-4-1　　　　　　　　村镇砌体房屋基础类型统计表

基础类型	毛石基础	砖基础	混凝土基础	三合土基础	总计
户数（户）	10	11	4	1	26
所占比例（%）	38.46	42.31	15.38	3.85	100

表 2-4-2　　　　　　　　村镇砌体房屋地基处理方式统计表

处理方式	天然地基	素土夯实	开挖后素土分层回填	其他	无统计	总计
户数（户）	3	13	4	3	3	26
所占比例（%）	11.54	50	15.38	11.54	11.54	100

注：表中统计的26个砌体结构房屋分别来自26个不同的地区，即每个地区只选取一个具有代表性的砌体结构的房屋进行统计。

如图2-4-1所示为比较普遍的一种基础做法示意。调查显示，我国广大农村地区砌体结构房屋基础比较常见的还是砖砌墙下条形基础，基础下面有10cm左右的灰土或者素混凝土垫层，埋深一般在0.5~1.5m；部分地区的基础做成钢筋混凝土的条形基础（如图2-4-2所示），但并未经过配筋计算，一般根据经验配筋。同时，由于存在攀比的思想，许多村镇住宅的基础高出地面（如图2-4-3所示），导致自然和人为因素对基础的破坏严重，存在安全隐患。

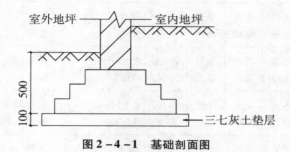

图2-4-1 基础剖面图

图2-4-2 施工中的基础

图2-4-3 高出地面的基础

2. 木结构地基基础

木结构房屋所在地区以山区居多，或者离山区比较近，原因之一就是山区多木材资源。

木结构房屋基础大部分为毛石基础，其次是砖基础。主要原因为：一是木结构住宅建成时间比较长，当时砖和混凝土等材料稀缺；二是充分利用当地资源，采用传统建材。

木结构房屋的地基土分属不同的类型，如黏质粉土、碎石、砂土、可液化土等，而地基处理方法简单，大多采用素土夯实或者素土分层回填夯实的简单方法，导致地基强度过低，影响建筑的使用，甚至部分建筑出现不均匀沉降和墙体开裂的现象。

木结构房屋的地基与基础相关的调研信息如表 2 - 4 - 3 所示。

表 2 - 4 - 3　　　　　　　木结构地基基础基本信息调查表

调查地点	地形地貌	场地地段类型	基础类型	基础形式	地基土类别	地基处理	基础宽度、深度（m）	垫层做法	质量缺陷	基础做法
福建龙岩武平	山区	不利地段	毛石基础	条形基础	砂土	素土夯实	0.5×0.8	灰土垫层	无	干砌石为基
北京门头沟	山区、边坡	不利地段	毛石基础	条形基础	黏质粉土、基岩	素土回填夯实	0.5×0.6	灰土垫层	无	石灰砂浆砌毛石基础
北京怀柔	山区、边坡	不利地段	毛石基础	条形基础	碎石、砂土	素土回填夯实	0.5×0.9	灰土垫层	不均匀沉降	碎秸秆黄泥砌筑毛石基础
北京怀柔	山区、边坡	不利地段	毛石基础	条形基础	山区沙石土	素土夯实	0.5×0.9	灰土垫层	无	泥浆砌砖石基础，浅基础
陕西韩城	古河道	有利地段	砖基础	条形基础	可液化沙土	素土夯实	0.5×0.6	灰土垫层	无	石灰砂浆砖基础
陕西韩城	古河道、沙土液化	不利地段	砖基础	条形基础	可液化土	素土夯实	0.5×0.6	灰土垫层	无	石灰砂浆砖基础
北京顺义	古河道	不利地段	毛石基础	条形基础	可液化土	素土回填夯实	0.5×0.6	灰土垫层	不均匀沉降	石灰泥浆砌筑
北京顺义	边坡	不利地段	毛石基础	条形基础	砂土	素土回填夯实	0.5×0.6	灰土垫层	不均匀沉降	石灰泥浆砌筑

3. 生土结构地基基础

全国各地村镇生土结构房屋建造地基处理方法从现有调查情况来看，一般作素土夯实处理，占到调查总数的55.26%（如表 2 - 4 - 4 所示）。也有其他特殊地基处理方法，比如在山东大店等地地基浅层为黏土，深层为沙土或岩石，最后夯实；在湖北宜昌等地地基处理方式为土与碎石夯实；在陕西等地地基处理方式为白灰和素土按一定比例夯实。

表 2 - 4 - 4　　　　　　　　地基处理方法

形式	天然地基	素土夯实	开挖后素土分层回填	其他	未统计	总计
户数（户）	4	21	2	4	7	38
比例（%）	10.53	55.26	5.26	10.53	18.42	100.00

从调查中发现，生土墙体下一般设置条形基础，大量生土结构房屋基础就地取材，采用毛石基础、砖基础（如图 2 - 4 - 4 所示）和灰土基础等，有些毛石基础的石料较大，呈块状（如图 2 - 4 - 5 所示），有些石料较碎，呈片状（如图 2 - 4 - 6 所示）。在松土地区，基础埋深一般 1m 左右，而在土质较好的地区，基础埋深 20~70cm。有些地区给毛石间灌入泥浆黏接毛石或者用砂浆黏结砖块，增强毛石基础或砖基础的整体性，有效防止地基不均匀沉降。

图 2 - 4 - 4　砖块基础

图 2 - 4 - 5　块状毛石基础　　　　　图 2 - 4 - 6　片状毛石基础

2.4.2 村镇房屋地基基础缺陷分析

地基基础处于室外地坪以下，属于隐蔽工程，不易直接观察到，但是地基基础的缺陷一般都会由上部结构反映出来，因此调研过程中，主要通过对上部结构的破坏进行分析调查，了解地基基础的缺陷情况。通过对农村地区房屋的调研发现，这些村镇建筑多出现地基基础的不均匀沉降或沉降量过大，很多村镇建筑都存在地基基础方面的问题，对村民的生活产生了一定的影响，严重的甚至已经形成危房，而大部分没有采取有效的加固措施。地基基础产生问题后对建筑物的影响，主要表现在以下几个方面。

（1）局部软土地基导致建筑物倾斜；

（2）不均匀沉降导致建筑物墙体开裂；

（3）沉降量过大导致建筑物严重下沉；

（4）地基土局部失稳导致建筑物基础断裂；

（5）地基基础的变形导致门窗洞口的变形破坏。

地基基础的不均匀沉降或沉降量过大都会对既有建筑产生很大的危害，地基基础出现的问题，轻则导致建筑物的墙体产生裂缝，严重的还会导致整个建筑结构的倒塌或局部建筑结构严重塌陷，特别是在自然灾害发生时，威胁建筑物的正常使用和农村地区居民的生命财产安全。引起房屋不均匀沉降的原因很多，主要有房屋上部荷载不均匀、地基土不均匀、地下及地表水作用等。

（1）房屋上部荷载不均匀

村镇建筑因房屋上部荷载不均匀，导致墙体开裂现象较普遍，如房屋建在易出现地震滑坡的河、湖岸边及丘陵地区，上部荷载不均匀对房屋整体性有较大影响，如若遇到突发性地质灾害，会对房屋造成严重的破坏；村镇居民为满足使用需求，未经设计计算进行增层改造，导致上部荷载不均匀增加而地基承载力不足，房屋产生沉降量过大或不均匀沉降。

（2）地基土不均匀

地基土的不均也会造成地基失稳，地基失稳引起的不均匀沉降对于结构整体性较差的村镇房屋更易造成严重破坏，造成墙体裂缝或错位，这种破坏往往由上部墙体贯穿到基础；上部结构和基础整体性较好时地基不均匀沉降则会造成建筑物倾斜。

（3）地下及地表水作用

一些旧房由于四周新建房屋填土较高，造成排水不畅，或者临近房屋的雨水排到此处行成积水，在长期雨水浸泡后地基承载力下降，或者引起基础不均匀沉降；部分村镇地下水位较浅，房屋建筑场地四周有水坑、水塘，地基土受到浸泡，引起房屋沉降过大，影响房屋使用功能甚至威胁到结构的安全；房屋建造时不重视做防水层、防水层质量差或不设散水，都会使基础在长期雨水浸泡后承载力不足；地基土因洪水、雨水倒灌、地下管道破坏等原因浸水，承载力降低。

调研中发现的由于地基基础缺陷引起的建筑物破坏，主要表现为：

（1）地基土一侧失稳导致的房屋整体或墙体倾斜（如图2-4-7、图2-4-8所示）。房屋临近水沟或位于低洼地段，雨水季节地基基础长期被浸泡，承载力降低，导致房屋大面积倾斜。

图2-4-7　房屋倾斜　　　　　　　　　图2-4-8　墙体倾斜开裂

（2）地基基础不均匀沉降导致的墙体开裂（如图2-4-9所示）。房屋开间过多，纵向较长，而没有设置基础地圈梁，地基处理时夯实不均匀，建成后即发生不均匀沉降，墙体开裂。

（3）雨水浸泡地基基础导致的生土墙体倾斜（如图2-4-10所示）。生土墙房屋建造时间较长，位于低洼地段，长期雨水倒灌浸泡条形毛石基础下地基土，经向住户了解，当年建造房屋时，对地基不够重视，开挖基槽后未经机械夯实就直接砌毛石基础。近年来该住户周围新建房屋地基均高于该房屋，导致排水不畅，地基浸水后房屋下沉严重，横纵墙外闪严重，三间房屋，两侧两间地基基础下沉严重，毛石基础现室外地平上只有20cm左右比建造时下沉30cm，屋内墙体大量裂缝，已成危房。

（a）

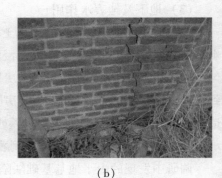

（b）

图 2 - 4 - 9 墙体开裂

（a）

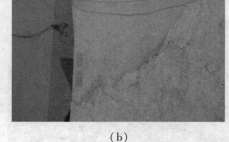

（b）

图 2 - 4 - 10 生土墙体倾斜

（4）地基基础变形导致的窗口变形（如图 2 - 4 - 11 所示）。该房屋地基基础产生不均沉降，一侧沉降较大，致使门窗洞口严重变形。

图 2 - 4 - 11 窗口变形

（5）条形基础破坏（如图 2 – 4 – 12 所示）。房屋墙角处土体塌陷，导致局部地基基础失稳，条形基础断裂。

（a） （b）

图 2 – 4 – 12 基础断裂

3 既有村镇住宅结构维修加固技术指南

3.1 生土结构房屋维修加固技术

生土结构房屋比较简易，凡破坏较重（比如墙体酥碱、空鼓、歪闪等）而又无加固价值的可考虑拆除重建或局部拆修。对于出现少量墙体裂缝或墙体质量偏差的生土房屋，应采取必要的加固措施予以补强，以满足裂而不倒的要求。

3.1.1 门窗过梁的加固

（1）木过梁宽度应与墙厚相同，木过梁截面高度：洞口小于等于 1200mm 时不宜小于 90mm；当洞口大于 1200mm 时不宜小于 120mm。当木过梁宽度与截面高度不满足上述要求时，宜进行补强加固。具体操作时，可在过梁侧面或底面钉木板或木条，钉间距不宜大于 100mm。

（2）当一个洞口采用多根木杆组成过梁时，木杆宜采用木板、扒钉、铅丝等将各根木杆连接成整体。

（3）如果直接对过梁加固有困难，对门窗上部墙体进行加固，可以起到同样效果，具体可参照下节生土墙体加固的相关内容。

3.1.2 生土墙体的加固

3.1.2.1 墙体局部受压加固

在生土墙承重房屋中，屋盖系统的屋架、檩条或大梁直接搁置在生土墙上，墙体承受着屋盖系统的全部重量，支承屋架、檩条或大梁的墙体有局部集中荷载作用。由于生土墙材料强度较低，为防止在局部集中荷载作用下墙体产生竖向裂缝，集中荷载作用点均应有垫板或圈梁。加设垫木既可以加强屋盖构件与墙体的锚固，还增大了端部支承面积，有利于分散作用在墙体上的竖向压力。由于生土墙体强度较低，抗压能力差，因此木屋架和木梁在外墙上的支承长度要求大于砖石墙体，同时也要求木屋架和木梁在支承处设置木垫块或砖砌垫层，以减少支承处墙体的局部压应力。具体措施如下：

（1）当土墙上直接搁置檩条或梁，且檩条和梁端部下未设置垫板或垫块时，应加设垫板或垫块。可采用木垫板或砖垫块，以便分散端部压力，如图3-1-1所示。

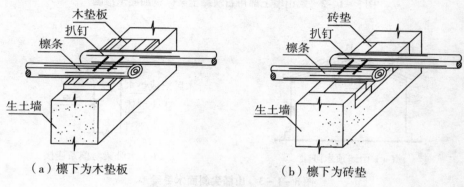

（a）檩下为木垫板　　　　　　　（b）檩下为砖垫

图3-1-1　檩条下设垫块示意图

（2）可结合屋顶翻修进行屋面改造，改造时应尽量降低屋面的重量，减轻屋面荷载，以防止墙体发生局部受压破坏。翻修屋顶时要铲除旧土层，再做新屋顶，以免屋顶土层过厚。此外，尽量采用轻质保温材料苫背。

（3）对硬山搁檩生土墙承重房屋，在搁置檩条处的墙体，容易破坏，因此可在檩条下400~500mm处用石灰黏土浆砌筑加固，并在檩条下放置木垫板，避免开裂、歪斜和倒塌，如图3-1-2所示。

（4）屋顶翻修时，可在山尖墙顶沿斜面放置木卧梁支撑檩条，木卧梁与檩条采用扒钉连接，如图3-1-3所示。

3.1.2.2　墙体出现裂缝或承载力不足的加固

生土墙体的加固措施的选择应依据墙体裂缝及承载力状况，同时本着因地制宜的原则选择经济适用的加固方法。以下为生土墙体主要的加固方法及施工要点。

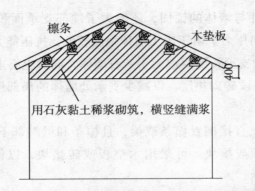

檩条　　　　木垫板

用石灰黏土稀浆砌筑，横竖缝满浆

图 3-1-2　端山墙上部用石灰黏土浆砌筑加固示意图

檩条

木卧梁

（a）山墙顶木卧梁

檩条

木卧梁或垫木　扒钉

生土墙体　　　500

（b）木卧梁与檩条连接

图 3-1-3　山墙尖斜面木卧梁

1. 水泥砂浆面层加固

当墙体表面裂缝较多或墙体承载力略有不足时，对墙体表面双侧进行水泥砂浆面层加固。加固面层所用水泥可选用 32.5 级普通硅酸盐水泥，砂子采用细砂。对土坯墙体压抹水泥砂浆前，先将墙体表面的浮土颗粒用刷子刷干净，再进行抹灰。

2. 墙体表面双侧进行玻璃纤维网加固

当墙体表面裂缝较多，或墙体承载力明显不足时，可对墙体表面双侧进行玻璃纤维网加固。玻璃纤维具有强度高、耐高温、耐久性和防腐性好等优点，是墙体加固的良好材料。

具体施工方法为：将墙体表面的浮土颗粒用刷子刷干净，然后在土墙表面用素水泥浆做一厚度 2mm 的面层并干燥。采用墙体对穿钢筋与斜向钢筋将玻璃纤维固定在墙体两侧，并使纤维帖服在素水泥浆表面上，其中玻璃纤维的网格尺寸为 25mm×25mm，经向单股丝，纬向双股丝。将两根斜向钢筋与墙体对穿钢筋绑扎牢固，采用铁钉将钢筋锚固于墙体上，然后在墙面上抹一层20mm 的水泥砂浆，如图 3 - 1 - 4 所示。

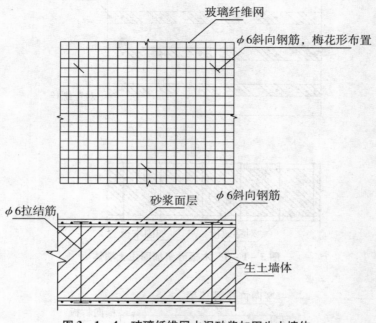

图 3 - 1 - 4 玻璃纤维网水泥砂浆加固生土墙体

3. 钢丝网加固

本加固方法所用钢丝网为镀锌电焊式，钢丝直径为 1 ~ 4mm，网格尺寸为 10mm × 10mm ~ 150mm × 150mm。施工要点可参照玻璃纤维网加固生土墙体相关内容。

4. 等间距木板加固

生土墙体承载力略有不足的墙体也可采用等间距木板加固。沿墙高等间距设置水平木板，间距为 1 ~ 2 倍生土墙厚，生土墙木板与生土墙之间不易黏结，采用对穿螺栓将木板与墙体锚固，如图 3 - 1 - 5 所示。

5. 等间距竹板加固

墙体承载力不足时，也可采用等间距竹板加固。沿墙高等间距设置水平竹板，间距为 1 ~ 2 倍生土墙厚，为使竹板与墙体能更好地共同受力，采用通丝对穿连接。在竖直方向也可布置竹板，与水平方向竹板形成竹板网，如图 3 - 1 - 6 所示。

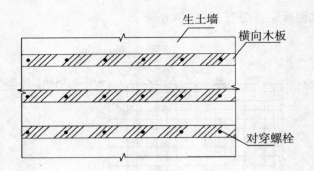

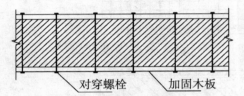

图 3 - 1 - 5　木板砂浆加固生土墙体

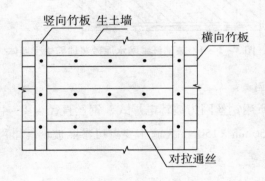

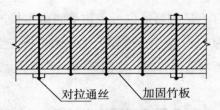

图 3 - 1 - 6　竹板加固生土墙体

6. 设置扶壁墙垛

山墙高厚比（墙高与墙厚之比）大于 10 时应设置扶壁墙垛，如图 3 - 1 - 7
所示，以提高墙体承载力。

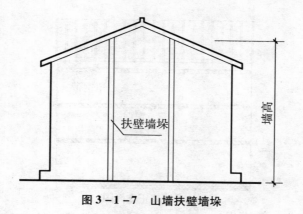

图 3 - 1 - 7　山墙扶壁墙垛

7. 注胶法加固

生土结构房屋中墙体干缩裂缝，可采用注胶法进行修补。这种方法是以机械产生的压力将 SV - II 灌缝胶注入待修补墙体中，改变原有墙体材料的性质，使土墙体中土颗粒能更好地结合在一起以提高承载能力。该方法需要较为专业的设备，目前在古建筑土墙的加固应用较多，适用于具有较高保护价值的生土房屋。

3.1.3　墙体与木柱的连接加固

针对生土房屋墙体与木柱无连接措施、墙体易外闪倒塌、屋面系统节点薄弱等存在的问题，可采用以下加固措施：

（1）角钢带加固墙体：沿墙高大体三等份，在墙体内、外自上而下加设三道角钢带（∟ 30 ×3），并用螺栓将墙体和木柱夹紧，以加强土坯墙的整体性及墙体与木柱的拉接，如图 3 - 1 - 8 所示。

（2）当山尖墙从檐口高度至山尖顶高度大于 2m 时，两端开间和中间隔开间山尖墙宜设置竖向剪刀撑，如图 3 - 1 - 9 所示。

3.1.4　屋盖维修加固

3.1.4.1　屋盖木构件加固要求

屋盖木构件的加固应符合下列要求：

（1）木构件截面明显下垂时，增设构件加固，增设的构件应与原有的构件可靠连接；

（2）木构件腐朽、疵病、严重开裂而丧失承载能力时，应更换或增设构

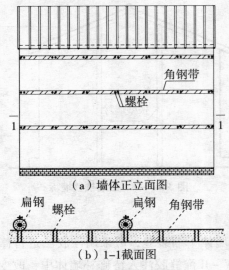

（a）墙体正立面图

（b）1-1截面图

图 3-1-8　角钢加固墙体

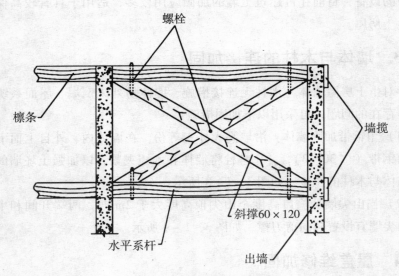

图 3-1-9　竖向剪刀撑设置

件加固，且应与原有的构件可靠连接；木构件的裂缝可采用铁箍加固；

（3）木构件支承长度不能满足要求时，应增设支托或夹板、扒钉连接。

3.1.4.2　加强檩条与墙体连接

加强檩条与墙体连接可以增强墙体稳定性，当墙体开裂或地基发生不均匀沉降时，可以起到防止墙体倒塌的作用，同时可以增强结构的抗震性能。

（1）内墙檩条搭接时未采用有效连接时，可采用木夹板、拉结件或扒钉等加固措施，如图3-1-10所示。

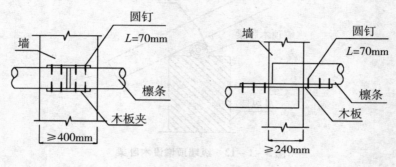

图3-1-10 加强内墙檩条连接

（2）应加强檩条与山墙的连接，增设墙揽，如图3-1-11所示。

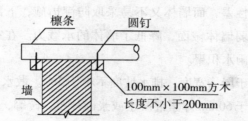

图3-1-11 山墙上檩条增设墙揽

（3）在纵墙墙顶两侧设置双檐檩夹紧墙顶来固定挑出的椽条，如图3-1-12所示。

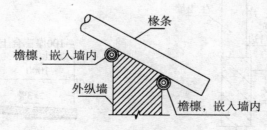

图3-1-12 新增双檐檩

（4）可在屋顶翻修时在纵墙顶设置木卧梁（檩），用扒钉与伸出的椽条可靠连接，以保证纵墙稳定，同时可提高墙体局部抗压能力，如图 3－1－13 所示。

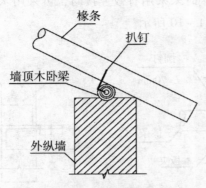

图 3－1－13　纵墙顶增设木卧梁

3.1.5　室外散水处理

生土墙体防潮性差，而墙体又不易采取防潮措施，下部受雨水侵蚀会使墙角受潮剥落，削弱墙体截面，降低了墙体的承载力。在室外做散水便可迅速排干雨水，避免雨水积聚。

散水宽度应大于屋檐宽度，排水坡度不小于3%。散水一般做法为：基层素土夯实后铺不小于60mm 厚素混凝土或浆砌片石、砖等，面层采用1：3水泥砂浆压实抹平，散水最外边宜设滴水砖（石）带，如图 3－1－14（a）所示。在雨水较少的地区也可做三合土散水，即在基层素土夯实后用三合土做不小于100mm 厚散水，如图 3－1－14（b）所示。

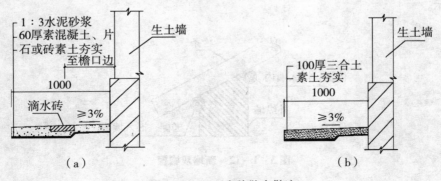

图 3－1－14　室外散水做法

3.2　木结构房屋维修加固技术

　　木材是一种具有鲜明特点的建筑材料，一方面木材具有质量较轻、顺纹抗压强度较高、环境友好等优点；另一方面也具有横纹强度低、多木节裂缝、徐变大、弹性模量小、潮湿环境中易腐朽等缺点。木材自身存在材质缺陷，另外还易受到不利环境因素的影响，因此木结构需要进行定期维护和加固。

　　本节主要针对木结构房屋的静载加固，且主要加固对象为梁、柱、檩条、屋架。对于围护墙体的加固，如生土和砖砌体维护墙体等的加固可参照生土和砌体结构墙体加固方法，本节不再赘述。

3.2.1　木柱的加固

　　木柱在使用过程中形成的主要缺陷有干缩裂缝和腐朽。含水量较高的木柱，容易因失水过快造成干缩裂缝。较小的裂缝对木材的耐久性不利；如果裂缝过大而不进行控制，裂缝将会继续增大，造成应力重分布，对木柱承载力不利。另外，木柱的木质腐朽减小了木柱横截面，使承载能力降低，因此发生在柱脚位置的木质腐朽，会严重影响木柱的承载力。

3.2.1.1　木柱加固措施

1. 裂缝处理措施

　　（1）对于木柱的干缩裂缝，当其深度不超过柱径（或该方向截面尺寸）的 1/3 时，可按下列嵌补方法进行修补：

　　①当裂缝宽度不大于 5mm 时，可在柱的油饰过程中，用腻子勾抹严实；

　　②当裂缝宽度在 5～10mm 时，可用木条嵌补，并用耐水性胶粘剂粘牢；

　　③当裂缝宽度大于 10mm 时，除用木条以耐水性胶粘剂补严粘牢外，还需在柱的开裂段内加设环箍（包括铁箍、FRP 箍或铁丝绕丝箍）。铁箍宽度不应小于 50mm，厚度不应小于 2mm；FRP 环箍宽度不应小于 100mm；8 号铁丝箍不应少于 10 匝。环箍间距不应大于 1.5 倍木柱直径。

　　（2）当干缩裂缝的深度超过柱径（或该方向截面尺寸）的 1/3 或因构架倾斜、扭转而造成柱身产生纵向裂缝时，需将构架整修复位后，方可嵌补后加环箍处理。如果裂缝处于柱的关键受力部位，则应根据具体情况采取加固措施或更换新柱。对柱的受力裂缝和继续开展的斜裂缝，必须进行强度验算，然后根据具体情况采取加固措施或更换新柱。

2. 木柱腐朽的处理措施

（1）当木柱有不同程度的腐朽而需整修、加固时，可采用下列剔补或墩接的方法处理：

①剔补。当柱心完好，仅有表层腐朽，且经验算剩余截面尚能满足受力要求时，可将腐朽部分剔除干净，经防腐处理后，用干燥木材依原样和原尺寸修补整齐，并用耐水性胶粘剂粘接。如系周围剔补，尚需加设环箍 2 ~ 3 道。

剔补加固法的目的相当于恢复木构件的受力截面，但由于木构件相当于由两部分组成，故受力性能不如原木。

②墩接。当柱脚腐朽严重，但自柱底面向上未超过柱高的 1/4 时，可采用墩接柱脚的方法处理。墩接法常用于加固柱根，即将柱子糟朽部分截掉，换上新料。常见的方法有木料墩接、钢筋混凝土墩接、石料墩接，其中木料墩接简单易行、使用最多。在不拆落木构架的情况下墩接木柱时，必须用架子或其他支承物将柱和柱连接的梁枋等承重构件支顶牢固，以保证木柱悬空施工时的安全。

③柱根包镶。柱根圆周的一半或一半以上表面糟朽，糟朽深度不超过柱径的 1/5 时，可采取包镶的方法。

（2）当木柱严重糟朽或高位腐朽或发生折断，不能用墩接方法进行修缮时，可以采取抽换或加辅柱的方法来解决。

3.2.1.2　木柱加固技术

1. 纤维增强复合材料（FRP）加固

FRP 加固木构件具有对外观影响小、耐久性好的优点，但加固成本较铁件加固稍高。采用 FRP 加固木柱的施工工序如下：

（1）准备工作

准备工作包括：准备加固所需的材料、黏结剂和加固工具。其中，加固材料可以为玄武岩纤维布、高强玻璃纤维布、碳纤维布，黏结剂为纤维布配套黏结树脂；加固工具主要有砂纸或角磨机、刨子、搅拌器、称量容器、刷子、吹风机等。

（2）纤维布的剪裁

高强纤维布宽度为 60 ~ 100mm，环箍布端搭接长度不小于 100mm。裁剪时应注意：保证纤维布的实际宽度符合加固方案要求，避免切断纵向纤维；妥善保存已裁剪好的布料，防止纤维脱落；裁剪好的纤维布注意防污、防尘和防水等，以保证布与胶的黏结性能。

（3）基面处理

基面处理包括木构件的除腐、驱虫，裂缝修补、表面平整等工作。

破损木构件的使用时间较长且表面暴露在空气中，通常存在糟朽层，因此，在加固施工前，需要先刨除表面糟朽木材，以保证木材与纤维布的黏结良好。构件除腐后，用刷子或压缩空气将裂缝内的木屑等杂物清理干净。

对于存在虫孔的木构件，经勘查虫孔对构件结构承载力影响不严重的，进行修复加固前需除去虫孔内木屑和蛀虫，主要方法为采用压缩空气清理。

对于构件严重缺损和存在宽度大于 5mm 的裂缝的构件还需进行裂缝修补，通常采用同等材质的木块或木条进行嵌补。具体方法为：先将木条加工成楔形并嵌入到裂缝中，然后在修补部位用环氧类树脂进行灌浆处理，也可在修补之前，先涂抹环氧类树脂，如图 3-2-1 所示。对于宽度小于 5mm 的裂缝，在木构件表面进行环氧类树脂涂抹处理。对于缺陷部位还需进行找平处理，待环氧类树脂达到一定强度后再进行下一道工序。

（a）木条嵌补裂缝　　　　　　　　（b）裂缝部位灌胶

图 3-2-1　木柱裂缝修补

最后，应将嵌补木料突出部分剔除，然后打磨平整，对于有棱角的木构件，还需进行倒角处理，倒角半径不小于 20mm。

（4）涂胶

表面打磨平整和放线完成后就开始粘贴纤维布，先按黏结树脂的产品使用说明的要求配置好浸渍树脂，并均匀涂抹于木构件粘贴纤维布的部位，厚度适约 1~2mm。

（5）粘贴纤维布

在涂抹浸渍树脂后，尽快将裁剪好的纤维布粘贴到位，保证在黏结树脂规定的时间（30~60分钟）里完成该工序。

工艺要求：①粘贴纤维布要保证纤维布的平整、顺直，避免出现皱褶、波纹、鼓胀或偏位。②粘贴纤维布后用毛刷沿纤维方向将粘接树脂涂抹均匀，挤出气泡，并使黏结树脂充分浸润纤维布。③对于粘贴多层纤维布的情况，两层纤维布的施工应间隔一定时间，第一层纤维布手触干燥后再进行第二层纤维布的施工。

2. 扁铁环箍加固

增设扁铁环箍是加固木柱的常用方法，能够有效控制木柱裂缝并提高抗压强度，其施工要点如下：

（1）先按照木柱截面尺寸截取扁铁条（厚度1~2mm），并预先钻出接头钉孔，接头处钉孔数量的确定应能保证安装后的接头有足够强度，钉孔位置要准确，以确保安装后环箍与木柱紧密贴合。

（2）将弯箍就位，并用8号铁丝校紧，使接头处钉孔重合，如图3-2-2（a）、（b）所示。

（3）最后钉入铁钉或拧入木螺丝，如图3-2-2（c）所示。

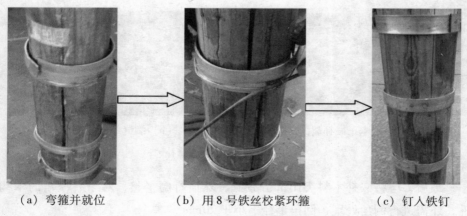

（a）弯箍并就位　　　　（b）用8号铁丝校紧环箍　　　　（c）钉入铁钉

图3-2-2　扁铁箍加固木柱施工过程

3. 8号铁丝绕丝加固

8号铁丝绕丝法加固木柱简便易行，而且可以取得较好的加固效果。具体方法为：采用8号铁丝用力缠绕木柱10匝形成环箍；铁丝收头位置应钉牢；

环箍间距不宜大于1.5倍的木柱直径；木质缺陷（腐朽、木节等）修补位置适当增加环箍，如图3-2-3所示。有条件时，可在绕丝箍外涂抹环氧类树脂，既可防止铁丝松动，又可增强环箍的耐久性。

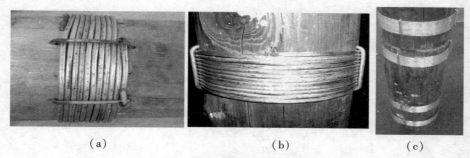

(a)　　　　　　　　　　(b)　　　　　　　　(c)

图3-2-3　8号铁丝绕丝加固木柱

4. 木柱墩接加固

木柱墩接加固前需要重新扶正，嵌入墙内的木柱一般需拆开砌体后才能加固。加固前，柱上的梁、架应设置临时支撑。

（1）木料墩接

腐朽高度大于300mm时，先将腐朽部分剔除，再根据剩余部分选择墩接的榫卯式样，如"巴掌榫"、"抄手榫"等，如图3-2-4所示。墩接区段内加设2~3道环箍，环箍可采用铁箍或8号铁丝缠绕箍（每道不应少于10匝）。

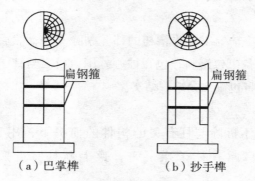

（a）巴掌榫　　　　　　　　（b）抄手榫

图3-2-4　木料墩接

（2）钢筋混凝土墩接

当腐朽的柱子位于墙体内部，且腐朽部分不超过1m时，可以采用此法。柱径应大于原柱 200mm，并留出 400～500mm 长的钢板或角钢，用螺栓将原构件夹牢。混凝土强度不应低于 C25，在确定墩接柱高度时应考虑混凝土的收缩。

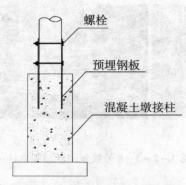

图 3 - 2 - 5　混凝土墩接木柱

采用混凝土墩接柱，锯截的木柱截面应平整。柱与柱墩相接处，应做好防腐、防潮处理。柱墩混凝土达到设计强度的 50% 以上后，方可拆除临时支撑，柱和柱墩的连接面应平整、结合严密。钢件与木柱连接的孔眼应顺孔钻通，螺栓拧紧固定。

（3）整砖或石料墩接

木柱柱脚腐朽高度不大于 300mm 时，可采用整砖或石料墩接，砖墩的砂浆强度等级不应低于 M5。

5. 柱根包镶

包镶即用锯、扁铲等工具将糟朽的部分剔除干净；然后按剔凿深度、长度及柱子弧度，制备出包镶料，包在柱心外围，使之与柱子外径一样，平整浑圆；最后用铁箍将包镶部分缠箍结实。

6. 木柱的抽换

"抽换"是在不拆除与柱有关的构件的前提下，用千斤顶或垡杆将梁枋支顶起来，将原有柱子撤下来，换上新柱。更换前应做好下列工作：

（1）确定原柱高，若木柱已残损，可按同类木柱测量原来柱高。

（2）对需要更换的木柱，应按原构件尺寸复制。

（3）修复或更换承重构件的木材，其材质宜与原件相同。

木柱抽换还会对局部屋面产生扰动，造成屋面、灰背裂缝、松动等，要做善后的修补处理。

3.2.2 屋盖的加固

3.2.2.1 梁、檩的加固措施选择

1. 构件腐朽的处理措施

（1）当梁、檩有不同程度的腐朽而需修补、加固时应根据其承载能力的验算结果采取不同的方法。

如果剩余截面面积尚能满足使用要求时，可采用贴补的方法进行修复。贴补前，应先将腐朽部分剔除干净，经防腐处理后，用干燥木材按所需形状及尺寸，以耐水性胶粘剂贴补严实，再用铁箍或螺栓紧固。

如果其承载能力已不能满足使用要求时，则须更换构件。更换时，宜选用与原构件相同树种的干燥木材，并预先做好防腐处理。

（2）木梁在支撑点（入墙端）容易产生腐朽、蛀蚀等损坏，梁端采用夹接或托接的方法进行加固。当梁的上下侧损坏深度大于梁高的 1/3 时，经计算后夹接；当梁的损坏深度大于 3/5 以上时，必须更换梁头；当梁头如中间被蛀空，可经计算后采用夹接办法加固。

2. 干缩裂缝的处理措施

对梁、檩的干缩裂缝，应按下列要求处理：

（1）当构件的水平裂缝深度（当有对面裂缝时，用两者之和）小于梁宽或梁直径的 1/4 时，可采取嵌补的方法进行修整，即先用木条和耐水性胶粘剂，将缝隙嵌补黏结严实，再用两道以上铁箍或玻璃钢箍箍紧。施工工艺可参照木柱加固的相关方法。

（2）若构件的裂缝深度超过上款的限值，则应进行承载能力验算，若验算结果能满足受力要求，仍可采用裂缝深度小于梁宽或梁直径的 1/4 时的方法修整；桁梁腐朽或严重开裂时，可加附桁加固。

3. 挠度过大或有断裂迹象的处理措施

当梁、檩构件的挠度超过规定的限值或发现有断裂迹象时，应按下列方法进行处理：

（1）若条件允许，可在梁内埋设型钢或其他加固件，或采用下撑式拉杆加固法或纵向粘贴或安装加固材料的方法。

（2）当梁、檩挠度过大截面过小时，可采用钢拉杆加固。

（3）在梁下面支顶立柱。

（4）更换构件。

3.2.2.2　梁、檩加固技术

1. 纤维增强复合材料（FRP）加固

当构件老化、裂缝开展、荷载增加等原因导致原有木梁抗弯承载力和刚度不能满足使用时，可在梁底采用高强度黏结剂粘贴高强纤维材料，包括碳纤维布、玄武岩纤维布、玻璃纤维布等。这几种材料中，玄武岩纤维布价格相对低廉，耐久性好，更适用于农村地区。

FRP对梁、檩进行抗弯加固的具体方法为，先沿梁底粘贴1~2层纤维布，布宽为梁横截面周长的1/3，纤维布两端延伸到距梁端100mm的位置，纤维布两端加100mm宽环箍，以保证梁底纤维布的可靠锚固，纤维布环箍端搭接长度不小于100mm，如图3-2-6所示。粘贴纤维布宜选用单向300g/m^2，梁粘两层，檩粘一层，施工工艺可参照前文中木柱的FRP加固方法。

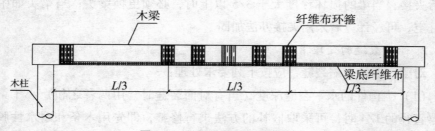

图3-2-6　FRP加固梁、檩

2. 扁钢——绕丝箍加固

当梁底抗弯承载力不足时，在梁底增设扁钢可增加木梁的抗弯承载力。扁钢安装完毕后，还应在木梁端部和中段缠绕铁丝箍，以保证扁钢的可靠锚固。

扁钢——绕丝法加固木梁如图3-2-7所示。施工工序如下：

（1）加工扁钢条。主要工作为截取扁钢和钻钉孔，钉孔的孔距不大于20cm，两端钉孔应适当加密，以确保扁钢端部的锚固。

（2）梁底安装扁钢。先将梁底附扁铁的区域刨平，刨除厚度不大于扁铁条的厚度，然后将扁铁条就位，并钉入麻花钉或木螺丝锚固。

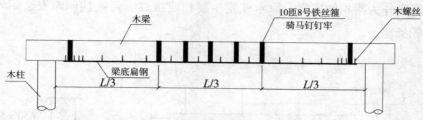

图 3 – 2 – 7　扁钢绕丝箍加固梁、檩

（3）缠绕铁丝箍。加固可采用 8 号铁丝，按铁丝绕丝法加固木柱的方法加工木梁绕箍，绕丝箍布置于支座和受集力以及跨中部位，集中力作用位置布置 1 ~ 2 道，跨中布置 3 ~ 5 道，铁丝环箍中的绕丝不少于 10 匝。

3. **增设下撑式拉杆**

下撑式钢拉杆加固形式较多，如图 3 – 2 – 8 所示是一种较简单的做法，该方法一般用在加固截面小、承载能力不足、出现颤动或挠度过大的梁。在加固前，要特别检查木梁端头的材质是否腐朽、虫蛀，只有在材质完好的条件下才能保证钢拉杆固定牢固。

具体做法为：先根据设计要求和加固构件的实际尺寸，做出钢件、拉杆和托木的样板，经复核无误后方可下料正式制作。加固组装时，应将各部件临时支撑固定，试装拉杆符合要求后固定各部件，张紧拉杆。钢拉杆应张紧拉直，牢固可靠，钢件与梁的接触面应吻合严密。对新加的拉杆下撑系统，应在梁轴线的同一垂直平面内。

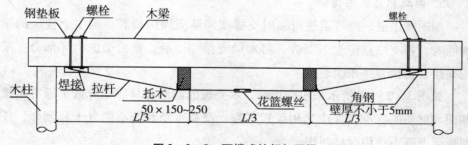

图 3 – 2 – 8　下撑式拉杆加固梁

4. **安装附枋、附檩**

梁腐朽或严重开裂时，可采用附枋加固，附枋与原梁用木托和铁件连接，如图 3 – 2 – 9 所示。木枋、铁件尺寸可按实际情况确定。当原木柱完好时可采用托木作为附桡的支座；原木柱发生腐朽或虫蛀时可在柱侧面安装附木作为附桡支座。

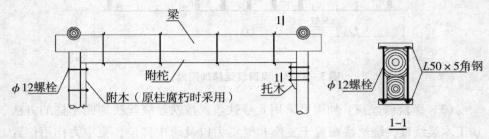

图 3 - 2 - 9　铁件附桡加固梁

檩条局部断裂或严重开裂，需用吊木附檩时，附檩与原檩用铁丝绕丝箍连接，并在瓜柱上安装托木，作为附木的支座，如图 3 - 2 - 10 所示。

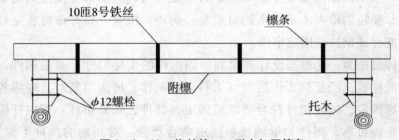

图 3 - 2 - 10　绕丝箍——附木加固檩条

5. 梁端部的加固措施

加固施工前，应将梁进行临时支撑或卸除上面的荷载；当多个楼层的梁加固时，各支撑点应上下对齐。将木梁支撑完毕后，锯去梁的损坏部分，采用夹接、托接方法加固。

如图 3 - 2 - 11 所示采用夹接时，木夹板的截面和材质不应低于原有木梁截面和材质的标准，并应选用纹理平直、没有木结和髓心的气干材制作，任何情况下都不得用湿材制作。

施工时，应截平梁的损坏部位，修换木料的端头与梁截面的接缝应严实、顺直，螺栓拧紧固定后夹板与梁接触平整、严密。加固圆截面梁时，夹板与梁新加工的平面应紧密结合。木夹板的长度、螺栓的规格和数量应根据计算确定。

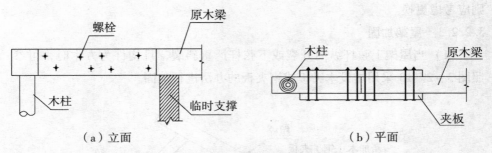

（a）立面   （b）平面

图 3 - 2 - 11   夹接方法加固梁

当用于木夹板加固构造处理或施工较困难时，可采用如图 3 - 2 - 12 所示的槽钢或其他材料托接的方法，槽钢与木梁连接的受拉螺栓及其垫板均应进行相关计算确定。

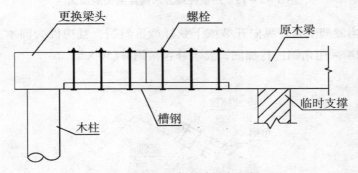

图 3 - 2 - 12   托接方法加固梁

梁用槽钢或其他材料托在下面加固。槽钢与木梁连接的受拉螺栓及其垫板均应进行验算，槽钢和新加工平面接触面要平整，以利于其紧密结合。用槽钢托接，受力较为可靠，构造处理方便，可以用于夹板加固构造处理困难或施工困难的地方。

6. 更换新梁（檩）

当木构件严重腐朽、虫蛀或开裂，而不能采用修补、加固方法处理时，可考虑更换新构件；当梁构件的挠度超过规定的限值，承载力不够，且不能采用修补、加固时，亦可考虑更换新梁，但更换的新材料尚应符合相关规定，同时做好防腐防潮处理。

梁、檩等受弯构件如出现劈裂折断或底部断裂现象，说明构件底部承受拉力断面减小。对剩余完整断面进行力学计算，如果超过允许应力 20% 以上，

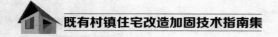

则应考虑更换。

3.2.2.3 屋架加固

（1）当屋架上弦杆纵向开裂或下弦杆严重斜裂，且构件为方木时，可参照图 3-2-13 采用增设木夹板或钢夹板的办法进行加固。

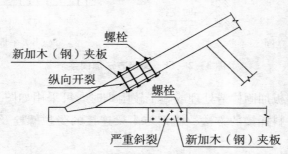

图 3-2-13 严重开裂方木构件屋架的加固

（2）当屋架上弦杆纵向开裂或下弦杆严重斜裂，且构件为圆木时可参照图 3-2-14 采用角钢进行加固，要求外包角钢 $\geqslant L50 \times 5$。

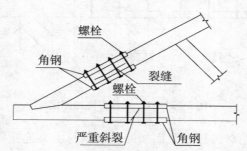

图 3-2-14 严重开裂圆形木构件屋架的加固

（3）屋架整体歪斜的加固。

当木结构建筑物出现构架歪闪的情况时，可采取支顶拨正的方法进行维修，即在不拆落木构架的情况下，首先对整体梁架支顶，使倾斜、扭转、拔榫的构件复位，再进行整体加固，对个别残损严重的梁枋等应同时进行更换或采取其他修补加固措施。该方法是在木构架外闪严重，但主要木构件尚完好、不需换件或仅需换个别件的情况下采取的加固措施。

支顶拨正即通过支顶的方法，使木构架重新归正。大致的工序是：①先将歪闪严重的建筑支撑上戗杆，防止继续歪闪倾斜；②揭去瓦面，铲掉泥背、灰背，拆去山墙、槛墙等支顶物，拆掉望板、椽子，露出大木构架；③将木构架榫卯处的涨眼料（木楔）、卡口等去掉，有铁件的，将铁件松开；④在柱子外皮，复上中线、升线（如旧线清晰可辨时，也可用旧线）；⑤向构架歪闪的反方向支顶戗杆，同时吊直拨正使歪闪的构架归正；⑥稳住戗杆并重新掩上卡口，堵塞涨眼，加上铁件，垫上柱根，然后掐砌槛墙、砌山墙、钉椽望、苫背瓦。以上全部工序完成后撤去牮杆和戗杆。

3.3 砌体结构及石结构房屋维修加固技术

本节主要针对静载加固，且主要加固对象为竖向承重墙体及房屋中易倒塌部位，对于屋面系统的主要构件，如屋架、檩条等的加固可参照生土结构和木结构的屋面构件加固方法，本节不再赘述。石结构房屋的加固方法与砌体结构房屋类似，可参照采用，不再另行说明。

3.3.1 提高墙体竖向承载力的加固

3.3.1.1 增设承重墙体

1. 局部拆砌

主要用于独立砖柱承载力严重不足时，先加设临时支撑，卸除砖柱荷载，然后根据计算确定新砌砖柱的材料强度和截面尺寸，并在梁下增设梁垫。

2. 砖柱承重改为砖墙承重

原为砖柱承重的大房间，因砖柱承载能力严重不足而改为砖墙承重，成为小开间建筑。技术要点如下：

（1）砌筑砂浆强度等级宜比原墙体提高一级，且不低于 M5。砖强度等级不宜低于 MU10。

（2）墙体厚度不应小于 240mm；墙体中可沿墙体高度每隔 0.7～1.0m，设置一层与墙同宽的细石混凝土现浇带，厚度 120mm，纵向钢筋 $3\phi6$，横向系筋 $\phi6@200$。

（3）新砌墙体与原墙应有可靠连接。新旧墙体的连接可根据具体情况采用设置混凝土构造柱等方案。

（4）新砌墙体与楼盖、屋盖梁、板的连接应保证侧向荷载及竖向荷载的有效传递。应保证新砌墙体与梁及板的接触面紧密接触，不得有任何松动和离空现象。

3.3.1.2　面层加固

在墙体的一侧或两侧采用素水泥砂浆面层、钢筋网水泥砂浆面层加固。

1. 素水泥砂浆面层加固

该方法是将需要加固的砖墙表面除去粉刷层、抹灰层后，直接抹水泥砂浆的加固方法。宜根据原墙体的破坏程度分别采用双面或单面进行加固。该方法用于承载力提高要求不大的房屋。

具体做法为：首先将原有砖墙的面层清除，将灰缝剔除至深 5 ~ 10mm，用钢刷清洗干净，再将原砖墙充分喷湿，再涂界面粘合剂，最后分层抹上 20 ~ 25mm 厚水泥砂浆，砂浆强度应不小于 M10。

2. 钢筋网水泥砂浆面层加固

该方法是将需要加固的砖墙表面除去粉刷层、抹灰层后，两面附设 $\phi4$ ~ $\phi6$ 的钢筋网片（在低烈度区，也可采用钢丝网片 $\phi1$ ~ $\phi2$@ 20 ~ 30），然后抹水泥砂浆的加固方法，如图 3 - 3 - 1 所示。承载力提高程度强于素水泥砂浆面层加固。目前，钢筋网水泥砂浆面层常用于下列情况的加固：

（1）因施工质量差，而使砖墙承载力普遍达不到设计要求。

（2）窗间墙等局部墙体达不到设计要求。

（3）因房屋加层或超载而引起砖墙承载力的不足。

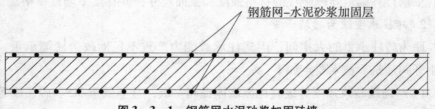

图 3 - 3 - 1　钢筋网水泥砂浆加固砖墙

具体做法是：首先将原有砖墙的面层清除，用钢刷清洗干净，绑扎钢筋网，钢筋网的钢筋直径为 4mm 或 6mm；双面加固采用 $\phi6$ 的 S 形穿墙筋连接，间距宜为 900mm，并且呈梅花状布置；单面加固采用 $\phi6$ 的 L 形锚筋以凿洞填 M10 水泥砂浆锚固，孔洞尺寸为 60mm × 60mm，深 120 ~ 180mm，锚筋间距 600mm，梅花状布置；再将原砖墙充分喷湿，涂上界面黏合剂；最后分层抹上 35mm 厚水泥砂浆，砂浆强度应不小于 M10。钢筋网砂浆面层应深入地下，埋深不少于 500mm，地下部分厚度扩大为 150 ~ 200mm。空斗墙宜双面加固，锚筋应设在眠砖与斗砖交接灰缝中。墙体具体节点做法如图 3 - 3 - 2 所示。

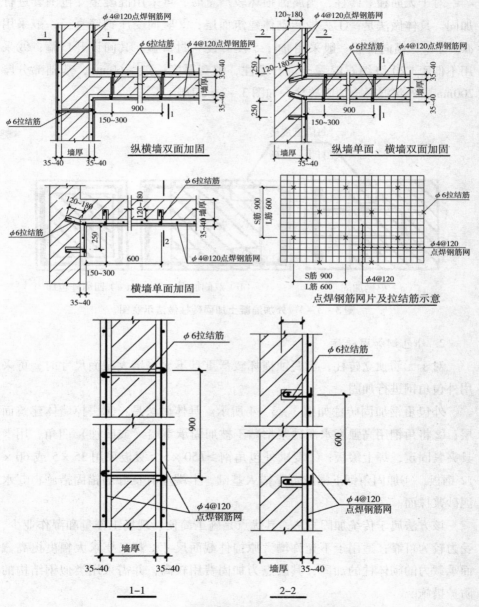

图 3 - 3 - 2 钢筋网水泥砂浆加固砖墙节点做法

3.3.1.3 砖柱加固

1. 外包混凝土加固砖柱

对于无筋独立砖柱,当腐蚀损坏较严重时,可采用混凝土外包围套进行加固。具体做法是:①去掉砖砌体建筑面层;②竖向受压钢筋直径一般采用 $\phi 8 \sim \phi 12$,横向箍筋一般采用 $\phi 6$,5 皮砖设一封口箍,其间设开口箍;③采用不低于 C20 级细石混凝土进行灌注,围套厚度一般 $\geqslant 60$mm,基础部分厚 200mm。外包混凝土加固砖柱,如图 3-3-3 所示。

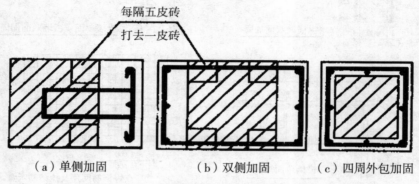

（a）单侧加固　　　　　（b）双侧加固　　　　　（c）四周外包加固

图 3-3-3　外加混凝土加固砖柱做法示意图

2. 外包钢加固砖柱

对于无筋独立砖柱,当腐蚀损坏较严重且不允许增大截面尺寸时,可采用外包角钢进行加固。

外包角钢加固砖柱如图 3-3-4 所示。具体做法是:①去掉墙体建筑面层;②将角钢用高强度水泥砂浆粘贴于被加固承重墙(或砖柱)四角,用卡具夹紧固定,焊上缀板;③要求外包角钢 $\geqslant L50 \times 5$,缀板采用 35×5 或 60×12 钢板;④加固角钢下端应可靠锚入基础,上端应有良好的锚固措施;⑤水泥砂浆抹面。

该方法属于传统加固方法,其优点是施工简便、现场工作量和湿作业少,受力较为可靠;适用于不允许增大原构件截面尺寸,却又要求大幅度提高截面承载力的砌体柱的加固;其缺点为加固费用较高,并需采用类似钢结构的防护措施。

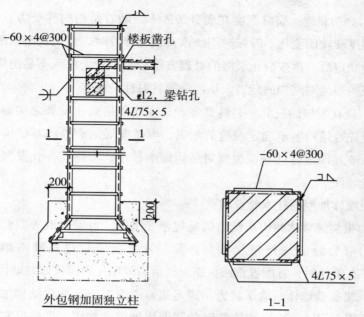

图 3 - 3 - 4　外包角钢加固砖柱详图

3.3.1.4　扶壁柱加固

此方法属于加大截面加固法的一种。承载力提高有限且较难满足抗震要求，一般仅在非地震区应用。

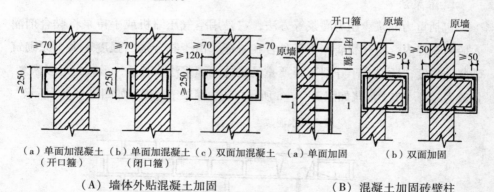

图 3 - 3 - 5　扶壁柱加固详图

3.3.1.5　开裂墙体加固

墙体裂缝按照其特点可以分为三类：

（1）静止裂缝：裂缝形态、数量、宽度均已稳定不再发展的裂缝。

（2）活动裂缝：裂缝宽度在现有条件下，随着结构构件受力、变形或环境温、湿度变化而变化，时张时闭。该类裂缝修复时，宜先找出成因并消除，确认已经稳定后，再按静止裂缝的处理方法修补；若无法或不易消除其成因，应确定该类裂缝对结构的危害，从而采取针对性措施。

（3）尚在发展的裂缝：裂缝宽度、长度或数量尚在发展之中的裂缝。该类裂缝应先经结构鉴定确定裂缝的危害，继续发展的裂缝将对结构造成严重破坏的，应立即进行处理；裂缝对结构影响较小，可待其停止发展后，再进行修补或加固。

开裂墙体加固的技术要点如下：

（1）带裂缝墙体原墙承载力满足规范要求时，可以采取表面封闭的方法修补：①沿裂缝区进行带状抹灰修复，其宽度应超过裂缝两侧各 200～300mm，有条件时，宜配置钢筋扒锯。②沿裂缝用压力灌浆修复墙体。

（2）带裂缝墙体原墙承载力不满足规范要求时，宜采取结构加固修补方法：①采用水泥砂浆面层或钢筋网砂浆面层加固法加固，裂缝区宜配置钢筋扒锯。②采用水泥砂浆面层与裂缝区压力灌浆联合加固修补，裂缝区宜配置钢筋扒锯。③采用钢筋网砂浆面层与裂缝区压力灌浆联合加固修补。

3.3.1.6 裂缝修补技术

1. 灌浆法

包括重力灌浆、压力灌浆等方法，它是用空气压缩机或手持泵将黏合剂灌入墙体裂缝内，将开裂墙体重新黏合在一起。由于黏合剂的强度远大于原砌筑砂浆的强度，所以对于开裂不很严重的砌体用灌浆法修补后，承载力可以恢复，且较为经济。重力灌浆如图 3-3-6 所示，压力灌浆工艺流程如图 3-3-7 所示。

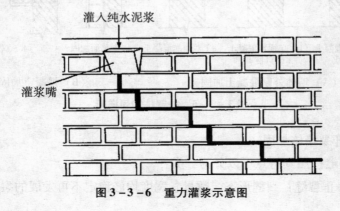

图 3-3-6 重力灌浆示意图

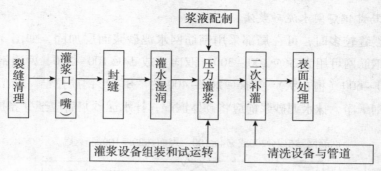

图 3 – 3 – 7　压力灌浆工艺流程

2. 块体嵌补法

裂缝较宽但数量不多时，可在与裂缝相交的灰缝中，用高强度等级砂浆和细钢筋填缝，也可用块体嵌补法，即在裂缝两端及中部用钢筋混凝土楔子或扒锯加固。楔子或扒锯可与墙体等厚，或为墙体厚度的 1/2 或 2/3，如图 3 – 3 – 8 所示。

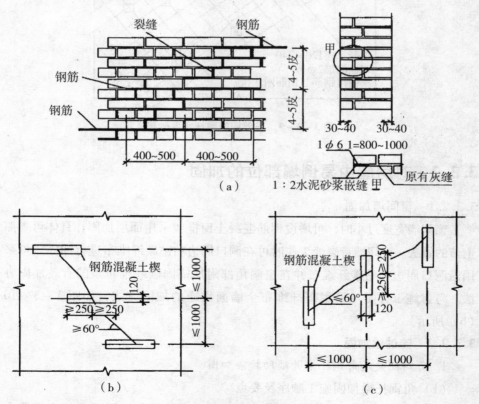

图 3 – 3 – 8　墙体裂缝处理

79

3. 局部钢筋网水泥砂浆法

当裂缝较多时，可在局部采用钢筋网水泥砂浆面层加固，如图 3 - 3 - 9 所示。钢筋网可用为 $\phi6@100-300$（双向）或 $\phi4@100-200$，两边钢丝网用 $\phi8@300\sim600$（梅花状）或 $\phi6@200-400$ 的 "S" 形钢筋拉结。施工前墙体抹灰应刮干净，抹水泥砂浆前应将砌体润湿，抹水泥砂浆后应至少养护 7 天。

图 3 - 3 - 9 局部钢筋网抹水泥砂浆

3.3.2 对房屋中易倒塌部位的加固

3.3.2.1 窗间墙加固

窗间墙宽度过小时，可增设钢筋混凝土窗框或采用面层加固，具体可参照上节的做法。窗间墙带裂缝工作时可在洞口周边粘贴碳纤维布进行加固。可采用沿洞口周边粘贴碳纤维布并在窗洞角部附加锚固碳纤维布条的有效加固方法。考虑施工方便可采用碳纤维布全墙面贯通的加固方式，如图 3 - 3 - 10（b）所示。

3.3.2.2 砖过梁加固

1. 角钢托梁或角钢托梁并辅助拉条加固

（1）角钢托梁加固施工顺序及要点

①根据情况，对裂损过梁进行临时支撑，凿除抹灰层以及角钢支撑段砌

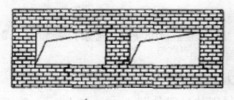

（a）窗间墙裂缝分布　　　　　　（b）碳纤维布粘贴方式

图 3 – 3 – 10　带裂缝窗间墙粘贴 CFRP 加固

体（1/4）水平缝砂浆，吹净灰粉；

②于结合面抹 108 胶水泥胶泥，厚度为 3～5mm，并用胶泥嵌满凿缝，随即贴嵌入角钢，压紧；

③将缀板与角钢焊接；

④对过梁及砌体裂缝，压力灌注 108 胶水泥浆，静置 1～2 天，拆除临时支撑。

（2）角钢托梁并辅助拉条加固施工顺序及要点

①对裂损过梁进行临时支撑，凿除抹灰层以及角钢支撑段砌体（1/4）水平缝砂浆，定位通钻螺栓孔，孔径 $D = d + 2mm$，吹净灰粉（d 为螺栓直径）；

②于角钢及拉条与砌体结合面抹 108 胶水泥胶泥，厚度为 3～5mm，并用胶泥嵌满凿缝，随即贴嵌入角钢，压紧；

③用 M19 的螺栓将拉条与墙体紧固就位后，将拉条与角钢及缀板与角钢

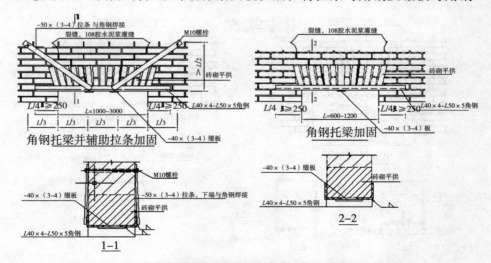

图 3 – 3 – 11　角钢托梁或角钢托梁并辅助拉条加固砖过梁示意图

焊接；

④对墙体和过梁裂缝以及螺栓孔，压力灌注 108 胶水泥浆，静置 1～2天，拆除临时支撑。

2. 型钢框托梁或槽钢托梁并辅助螺栓加固砖过梁

型钢框托梁或槽钢托梁并辅助螺栓加固砖过梁如图 3－3－12 所示。施工要点如下：

（1）型钢框托梁施工要点

①凿去钢框贴附部位抹灰层，按规定参数配钻锚栓孔，吹净灰粉；

②于角钢与结合面抹 108 胶水泥胶泥，厚度为 3～5mm，先装立框，并紧锚栓，再装角钢托梁，就位后拧紧锚栓；

③待立框与托梁柱对位后，彼此焊接，在将缀条与角钢焊接；

④对墙体裂缝压力灌注 108 胶水泥浆，对立框脚嵌填胶泥。

（2）槽钢托梁并辅助螺栓加固施工要点

①对裂损过梁进行临时支撑，凿除托梁部分相应厚度的墙体，按图示定位通钻螺栓孔，孔径 $D＝d＋2mm$，吹净灰粉（d 为螺栓直径）；

②于槽钢与结合面抹 108 胶水泥胶泥，厚度为 3～5mm，随即贴压入槽钢，穿入 M10 螺栓，拧紧；

③对墙体裂缝及螺栓孔裂缝压力灌注 108 胶水泥浆；

④对槽钢凹陷部位以外包钢丝网树脂砂浆抹灰，静置 1～2 天后，拆除临

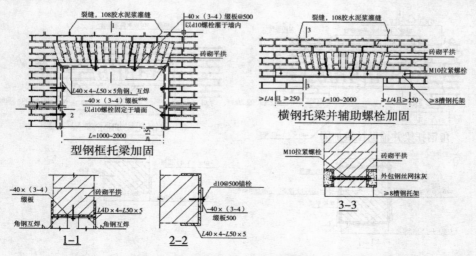

图 3－3－12　型钢框托梁或槽钢托梁并辅助螺栓加固砖过梁示意图

时支撑。

3. 钢板楔加固砖过梁

钢板楔加固砖过梁如图 3－3－13 所示，施工要点如下：

（1）对裂损过梁进行临时支撑，凿去打楔竖缝砂浆（一般选在裂缝处），吹净灰粉。

（2）由墙体两面对称打入钢板楔。钢板楔规格（$h-10$）×（$b/2-10$）×（$3\sim10$），h 为拱高，b 为拱墙厚，楔口厚 3mm；

（3）对墙体裂缝，压力灌浆 108 胶水泥浆，静置 1～2 天后拆除临时支撑。

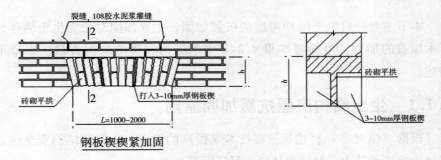

钢板楔楔紧加固

图 3－3－13　钢板楔加固砖过梁示意图

4 既有村镇住宅结构抗震加固技术指南

4.1 生土结构房屋抗震加固技术

本节主要针对生土结构房屋的抗震加固，主要加固对象为生土墙体，对于木屋盖的加固，可参考本章 4.2 节中木结构屋盖的加固方法，本节不再赘述。

4.1.1 生土结构房屋抗震加固原则

根据《镇（乡）村建筑抗震技术规程》的要求，为保证结构安全性，提高结构抗震承载力，村镇房屋应满足以下几点要求。

（1）抗震设防烈度为 6 度及以上地区的村镇建筑，必须采取抗震措施。

（2）房屋平面布置应力求简单、规整，平面不宜局部突出或凹进；立面不宜高度不等，避免平面和立面上的突然变化和不规则的形状。

（3）纵横墙的布置宜均匀对称，在平面内宜对齐，沿竖向应上下连续；在同一轴线上，窗间墙的宽度宜均匀。

（4）房屋同层楼板宜处于同一标高；不宜采用错层结构。

（5）烟道、风道和垃圾道可贴附在墙体内侧或外侧并与墙体可靠拉结，不应削弱墙体。

（6）房屋不宜做地震时容易倒塌的门楼、门脸、高于 500mm 的女儿墙、高山墙等装饰性构件。

（7）突出屋面的烟囱、女儿墙以及门楼、门脸等易倒塌构件，当高度大于 500mm 时，或位于建筑物出入口时应设置构造柱、压顶圈梁，或在构件内每隔 200mm 高度与主体结构可靠拉结。

（8）在高烈度地震区，应沿房屋下檐设置钢筋混凝土圈梁，以加强房屋的整体性；圈梁应闭合，不要断开；此外，当房屋地基位于软弱场地、故河道、暗藏的沟坑边缘、半挖半填土以及成因、岩性或状态明显不均匀的地层上时，还应在基础处增设一道地圈梁。

（9）结构材料应符合下列要求：金属连接件、扒钉等应采用 Q235B 钢材；木构件应选用干燥、纹理直、节疤少、无腐朽的木材；生土墙体土料应选用杂质少的粉土和亚黏土，土中不应含有大于 20mm 的硬土块；石材应质地坚实，无风化、剥落和裂纹；基础材料可采用混凝土、砖、石、灰土或三合土等，灰土中的石灰应充分熟化；外露铁件应做防锈处理。

（10）历史地震经验表明，小开间横墙承重方案抗震性能好，因此，在选择结构承重方案时应采用横墙承重方案，尽量避免纵墙承重方案。

（11）加强构件相互间以及构件与墙体间的连接。如要确保梁、楼板、檩条等在墙体上的搭接长度，并使之与墙体有很好的锚固，同时也要保证楼板在梁上的搭接以及檩条与檩条之间的相互连接等。

（12）为了确保抗震墙体有足够的抗剪承载能力所需的水平截面面积，抗震墙层高的 1/2 处门窗洞口所占的水平横截面面积，对承重横墙不应大于总截面面积的 25%；对承重纵墙不应大于总截面面积的 50%；前后纵墙开洞不一致还会造成地震作用下的房屋平面扭转，加重震害。

（13）不应在同一房屋采用木柱与砖柱、木柱与石柱混合的结构体系；也不应在同一层中采用砖墙、石墙、土坯墙、夯土墙等不同材料墙体混合承重的结构体系。在加固过程中如遇此类混合承重的情况，宜在加固同时予以局部改建。

4.1.2　生土墙体抗震加固技术

对烈度为 6 度及其以上地区的既有生土结构房屋，凡在设计时没有考虑抗震措施而又不满足规范规定的抗震要求时，应采取必要的加固措施予以补强，以满足裂而不倒的要求。生土结构房屋比较简易，凡破坏较重（比如酥碱、空鼓、歪闪等）而又无加固价值的可考虑拆除重建或局部拆修。房屋结构的加固可采取一些经济可行的措施，加固措施如下：

4.1.2.1　钢丝网水泥砂浆面层加固生土墙体

（1）若土坯墙砌筑方法不当，会造成墙体整体性差、抗剪强度不足。土坯墙的砌筑应符合下列要求：

①土坯墙墙体的转角处和交接处应同时咬槎砌筑，对不能同时砌筑而又必须留置的临时间断处，应砌成斜槎，斜槎的水平长度不应小于高度的2/3；严禁砌成直槎。

②土坯墙每天砌筑高度不宜超过1.2m。临时间断处的高度差不得超过一步脚手架的高度。

③土坯的大小、厚薄应均匀，墙体转角和纵横墙交接处应采取拉接措施。

④土坯墙砌筑应采用错缝卧砌，泥浆应饱满；土坯墙接槎时，应将接槎处的表面清理干净，并填实泥浆，保持泥缝平直。

⑤土坯墙在砌筑时应采用铺浆法，不得采用灌浆法；严禁使用碎砖石填充土坯墙的缝隙。

⑥水平泥浆缝厚度应在12~18mm之间。

（2）不符合上述砌筑要求的生土房屋，可加固生土墙体，增强生土墙体构件的抗压、抗剪能力；可在墙面加设冷轧低碳带肋钢筋网，墙面用水泥砂浆抹灰做面层，增强墙体的受力性能，避免生土墙体受侵蚀。采用钢丝网砂浆面层加固生土墙体时，应符合下列要求：

①所用钢丝网宜为镀锌电焊式。

②钢丝网应采用呈梅花状布置的锚筋、穿墙筋固定于墙体上，如图4-1-1所示；钢丝网四周应采用锚筋、插入短筋与墙体可靠连接；钢丝网外保护层厚度不应小于20mm，钢丝网片与墙体的空隙不应小于2mm。

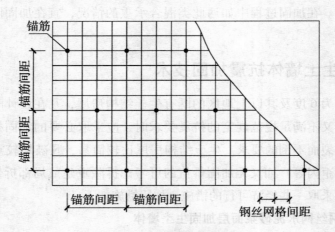

图4-1-1 面层加固示意图

③面层的砂浆强度等级，宜不小于 M5。

④钢丝网的钢丝直径宜 1～4mm，网格尺寸宜为 10mm×10mm～150mm×150mm。

⑤宜采用双面加固，加固面层的钢丝网应采用 S 形穿墙筋连接，间距宜为 900mm，梅花状布置。

⑥钢丝网的横向钢丝有门窗洞口时，双面加固宜将两侧的横向钢丝在洞口闭合。

⑦底层的面层，在室外地面下宜加厚并伸入地面以下 500mm。

（3）面层加固的施工应符合下列要求：

①面层宜按下列顺序施工：将墙体表面的浮土颗粒用刷子刷干净，然后在墙体表面用素水泥浆做一厚度不小于 2mm 的面层，钻孔后安设 S 形穿墙筋并铺设钢丝网片，湿润墙面，抹水泥砂浆并养护，墙面装饰。

②在墙面钻孔时，应按设计要求先画出线标出穿墙筋位置，并且应采用电钻打孔，穿墙孔直径比 S 形筋大 2mm，穿墙筋插入孔洞后可采用水泥基灌浆料、水泥砂浆等填实。

③铺设钢丝网时，竖向钢丝应靠墙面。

④抹水泥砂浆时，应先在墙面刷素水泥浆一道再分层抹灰，且每层厚度不应超过 15mm。

⑤面层应浇水养护，防止阳光暴晒，冬季应采取防冻措施。

4.1.2.2 注浆（胶）加固生土墙体裂缝

生土房屋中墙体干缩裂缝较为普遍，当抗剪强度不足时，可采用注浆（胶）修补法。这种方法是以机械产生的压力将灌缝浆（胶）注入待修补墙体中，改变原有墙体材料的性质，使土墙体中土颗粒能更好地结合在一起以提高承载能力。该方法需要较为专业的设备。

4.1.2.3 玻璃纤维加固生土墙体

生土墙体表面双侧进行玻璃纤维网加固，如图 4-1-2 所示，玻璃纤维具有强度高、耐高温、耐久性和防腐性好等优点，是墙体加固的良好材料。

（1）采用玻璃纤维加固生土墙体时，应符合下列要求：

①所用玻璃纤维的规格宜为 60-60（kN/m）。

②玻璃纤维应采用对穿钢筋与两根斜向钢筋将玻璃纤维固定在墙体两侧；两根斜向钢筋与墙体对穿钢筋绑扎牢固，采用铁钉将钢筋锚固于生土

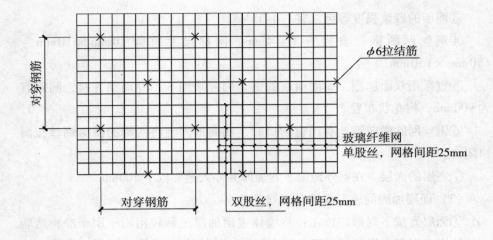

图 4 - 1 - 2　玻璃纤维网加固示意图

墙体上；玻璃纤维外保护层厚度不应小于 20mm，与墙体的空隙不应小于 2mm。

③宜采用双面加固，面层的砂浆强度等级，宜不小于 M5。

④玻璃纤维宜为经向单股丝，纬向双股丝，网格尺寸宜为 25mm × 25mm。

（2）面层加固的施工应符合下列要求：

①面层宜按下列顺序施工：将墙体表面的浮土颗粒用刷子刷干净，然后在墙体表面用素水泥浆做一厚度不小于 2mm 的面层，钻孔后安设穿墙筋筋并铺设玻璃纤维网片，湿润墙面，抹水泥砂浆并养护，墙面装饰。

②在墙面钻孔时，应按设计要求先画出线标出穿墙筋位置，并且应采用电钻打孔，穿墙孔直径比穿墙筋大 2mm，穿墙筋插入孔洞后可采用水泥基灌浆料、水泥砂浆等填实。

③抹水泥砂浆时，应先在墙面刷素水泥浆一道再分层抹灰，且每层厚度不应超过 15mm。

④面层应浇水养护，防止阳光暴晒，冬季应采取防冻措施。

4.1.2.4 木板钢筋加固生土墙体

在墙体外侧的边部及顶部采用木板加固。墙体内侧顶部采用两根钢筋连接，为使木板与墙体能更好地共同受力，采用直径为10mm的钢筋连接。如图4-1-3所示。

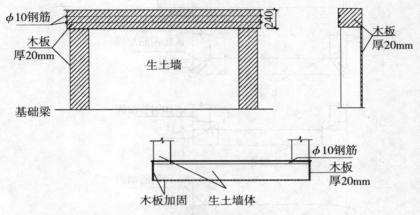

图4-1-3 木板钢筋加固生土墙示意图

4.1.2.5 木柱木梁加固生土墙体

在生土墙墙体两端开挖出半圆形凹槽（一半木柱外露）及顶部开挖出U形凹槽（木梁上部用泥浆填埋），放入木柱木梁，木柱木梁采用隼接并用扒钉等方式连接，形成墙体的木框架，与墙体共同工作，达到加固生土墙体的目的。木柱也可放在墙体外侧，如图4-1-4所示。

4.1.2.6 木柱木梁加斜撑加固生土墙

在生土墙体中开挖出放置加木斜撑的木柱木梁的槽孔，当开槽施工难度较大时，可考虑先把制作好的木柱木梁放置在生土墙两端开挖的半圆形凹槽中，再开挖放置斜撑的槽孔，斜撑与木柱木梁采用隼接并用扒钉等方式连接，与墙体共同工作，达到加固墙体的目的，如图4-1-5所示。这种加固措施仅适用于没有门窗洞口的墙段。为使木柱、木梁与墙体能更好地共同工作，可采用ϕ10mm的钢筋连接，如图4-1-4所示。

4.1.3 房屋整体性加固

4.1.3.1 增设圈梁

对未设圈梁的房屋，可采用外加圈梁加固。生土结构房屋的配筋砖圈梁、

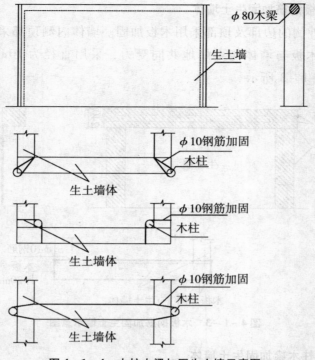

图 4-1-4　木柱木梁加固生土墙示意图

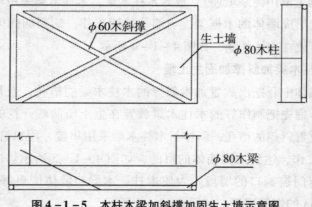

图 4-1-5　木柱木梁加斜撑加固生土墙示意图

配筋砂浆带或木圈梁的设置应符合下列规定：

（1）所有纵横墙基础顶面处应设置配筋砖圈梁；各层墙顶标高处应分别设一道配筋砖圈梁或木圈梁，夯土墙应采用木圈梁，土坯墙应采用配筋砖圈梁或木圈梁。

（2）烈度为8度时，夯土墙房屋尚应在墙高中部设置一道木圈梁；土坯墙房屋尚应在墙高中部设置一道配筋砂浆带或木圈梁。木圈梁连接构造如图4-1-6（a）所示，其中一字形木圈梁连接做法如图4-1-6（b）所示，L形木圈梁连接做法如图4-1-6（c）所示，T形木圈梁连接做法如图4-1-6（d）所示。

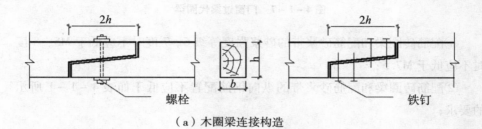

（a）木圈梁连接构造

（b）木圈梁一字形连接　　　　　　　（c）木圈梁L形连接

（d）木圈梁T形连接

图4-1-6　木圈梁连接构造

（3）可利用现有门窗过梁代替部分圈梁，用螺栓将铁件与木过梁牢固连接，再用外加型钢等补足没有圈梁的部分。其中圈梁与门窗过梁标高相同时的构造形式如图4-1-7（a）所示，圈梁与门窗过梁标高不同时的构造形式如图4-1-7（b）所示。

（4）生土结构房屋配筋砖圈梁、配筋砂浆带和木圈梁的构造应符合下列要求：

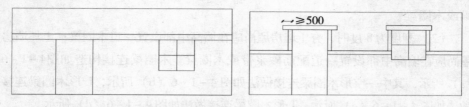

（a）圈梁与门窗过梁标高相同　　　（b）圈梁与门窗过梁标高不同

图 4-1-7　门窗过梁代圈梁

①配筋砖圈梁和配筋砂浆带的砂浆强度等级 6、7 度时不应低于 M5，8 度时不应低于 M7.5；

②配筋砖圈梁和配筋砂浆带的纵向钢筋配置不应低于如表 4-1-1 所示的要求；

表 4-1-1　　土坯墙、夯土墙房屋配筋砖圈梁与配筋砂浆带最小纵向配筋

设防烈度 墙体厚度 t（mm）	6 度	7 度	8 度
$t \leqslant 400$	$2\phi6$	$2\phi6$	$2\phi6$
$400 < t \leqslant 600$	$2\phi6$	$2\phi6$	$3\phi6$
$t > 600$	$2\phi6$	$3\phi6$	$4\phi6$

③配筋砖圈梁的砂浆层厚度不宜小于 30mm；

④配筋砂浆带厚度不应小于 50mm；

⑤木圈梁的横截面尺寸不应小于（高×宽）40mm×120mm。

4.1.3.2　构造柱加固

烈度 6、7 度区生土结构房屋应在房屋四角设置构造柱，二层和 8 度区一层生土结构房屋除应在房屋外墙四角设置构造柱外，还应在纵横墙交界处设置构造柱。增设构造柱可采用木构造柱。

为尽量少削弱墙体，而且为避免破坏纵横墙体之间的整体性，木构造柱应设置在生土墙角外侧或内侧，构造柱不应完全切断夯土墙体，木构造柱位置及拉结措施如图 4-1-8、图 4-1-9 所示，木构造柱的梢径不应小于120mm，二层和 8 度区一层生土结构房屋应在外墙转角及内外墙交接处设置木构造柱如图 4-1-10 所示。

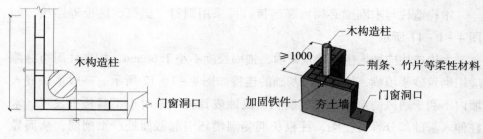

图 4 - 1 - 8　木构造柱的位置与拉结（构造柱设在内侧）

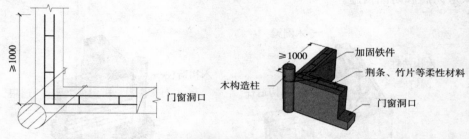

图 4 - 1 - 9　木构造柱的位置与拉结（构造柱设在外侧）

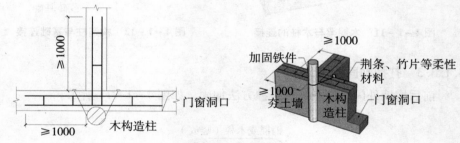

（a）构造柱设在外侧

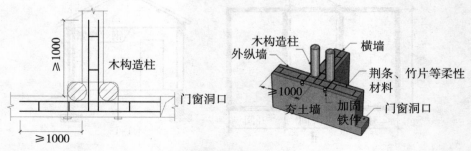

（b）构造柱设在两侧

图 4 - 1 - 10　T 形墙构造柱位置与拉结

木构造柱与木圈梁必须可靠连接，可采用圆钉、扒钉、螺栓等连接，如图 4 - 1 - 11 所示。

木构造柱应伸入生土墙基础内，锚固长度不小于 60mm，构造柱周边缝隙应用砌筑砂浆填满，构造柱与基础的连接如图 4 - 1 - 12 所示。一般木柱嵌入墙内不利于通风防腐，当出现腐朽、虫蚀或其他问题时也不易检查发现，木柱伸入基础部分容易受潮，柱根长期受潮糟朽引起截面处严重削弱，从而导致木柱在地震中倾斜、折断，引起房屋的严重破坏甚至倒塌，因此木柱必须采取防腐和防潮措施。

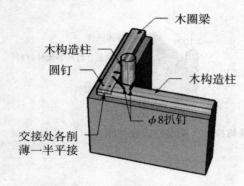

图 4 - 1 - 11　木圈梁与木柱的连接

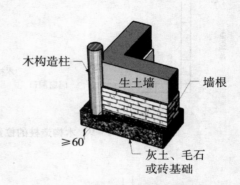

图 4 - 1 - 12　构造柱与基础连接

4.1.3.3　打撑加固檐墙

前后檐墙外闪时，可采用打撑方法加固，如图 4 - 1 - 13 所示。

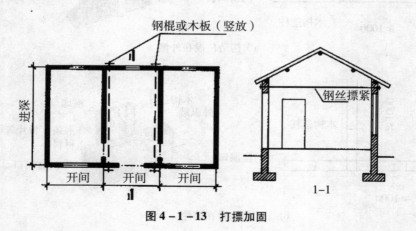

图 4 - 1 - 13　打撑加固

4.1.4　门窗洞口加固

（1）生土结构房屋门窗洞口宜采用木过梁，木过梁截面尺寸不应小于如表4-1-2所示的要求，其中矩形截面木过梁的宽度与墙厚相同；木过梁支承处应设置垫木。

表4-1-2　　　　　　　　　　　木过梁截面尺寸　　　　　　　　　单位：mm

墙厚（mm）	门窗洞口宽度 b（m）					
	$b \leqslant 1.2$			$1.2 < b \leqslant 1.5$		
	矩形截面	圆形截面		矩形截面	圆形截面	
	高度 h	根数	直径 d	高度 h	根数	直径 d
250	90	2	120	110	—	—
370	75	3	105	95	3	120
500	65	5	90	85	4	115
700	60	8	80	75	6	100

注：d 为每一根圆形截面木过梁（木杆）的直径。

（2）当一个洞口采用多根木杆组成过梁时，木杆上表面宜采用木板、扒钉、铅丝等将各根木杆连接成整体。如图4-1-14所示为门窗洞口加固构造。

4.1.5　不对称结构加固

不对称结构是指墙体布置未满足均匀、对称的布置原则，在同一建筑单元平面内形成质量、刚度不对称，或是虽在本层平面内对称但沿高度分布不对称的结构。对明显的不规则结构，需要考虑扭转影响，可在生土墙体开槽加设木柱。构造柱可设在生土墙体内侧，如图4-1-15（a）所示，也可设置在生土墙体外侧，如图4-1-15（b）所示。构造柱应与生土墙体采取加固铁件进行可靠连接。

也可在内外墙外侧及交接处增设木柱、木梁及斜撑，形成木构架承重体系。将生土墙体承重改变为墙体与木构件混合承重体系。对生土墙破坏严重或土体材料性能较差的墙体，也可改造为木构件作为竖向承重体系，生土墙

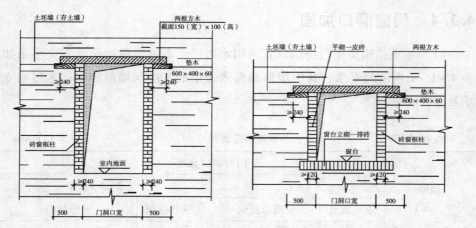

图4-1-14 门窗洞口加固构造

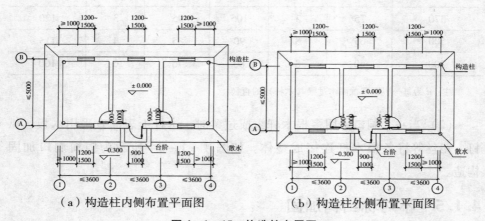

（a）构造柱内侧布置平面图　　　（b）构造柱外侧布置平面图

图4-1-15 构造柱布置图

体由承重墙改为外围护墙。

对窗间墙过窄情况，可采取对窗间墙加设双面钢筋网或钢板网，墙面作水泥砂浆做面层的措施。在整体刚度得到加强的前提下，可在后纵墙上选择开竖缝，减小后纵墙刚度，缩小前后墙体刚度差别。同时也可以改变后纵墙在抗震破坏中剪切破坏的破坏形式。

4.1.6　连接加固

（1）木梁、檩条与墙体连接。对木梁、檩条直接搁置在生土墙上，不设置垫块或垫块过小的情况，可采用支撑托换方法设置符合要求的梁垫。在木柱、梁之间及梁、梁垫之间加设扁铁或扒钉等铁件，加强节点的整体性。

垫块可用木垫块或砖块，以便分散端部压力。檩条放在山墙上，要满压山墙，最好伸出山墙外。檩条放在内墙上，也要满墙搭接，并用扒钉钉牢，如图4-1-16所示。

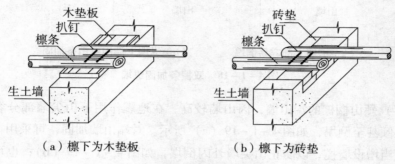

（a）檩下为木垫板　　　　　（b）檩下为砖垫

图4-1-16　垫块设置示意图

（2）对硬山搁檩土墙承重房屋，在搁置檩条处的墙体，由于地震时檩条往复上下震动容易破坏，因此可在檩条下400~500mm处用石灰黏土浆加固，最好放置木垫板，以增加这部分墙体的抗震性能，避免开裂、歪斜和倒塌，如图4-1-17所示。

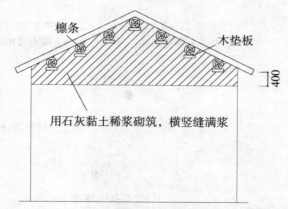

图4-1-17　端山墙上部用石灰黏土浆砌筑加固示意图

（3）采用硬山搁檩时，经常不设檐檩，地震时檐墙上部向房屋内侧倒塌，如图4-1-18（a）所示。因此，可在纵墙上端两边放置檩条，以增加纵墙的稳定性,如图 4 – 1 – 18(b)所示。

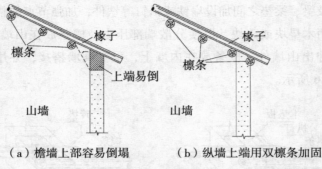

(a)檐墙上部容易倒塌   (b)纵墙上端用双檩条加固

图 4 – 1 – 18 双檩条加固纵墙

(4)硬山搁檩的端山墙,因山墙较高,在地震作用下山尖墙部分容易损坏、外倾甚至倒塌,如图 4 – 1 – 19(a)所示。对端山墙加固,可采用在山墙顶部适当增设墙揽,以防止山尖墙外闪倒塌,如图 4 – 1 – 19(b);也可加扶壁墙垛,如图 4 – 1 – 19(c)所示。墙揽连接做法如图 4 – 1 – 20 所示。

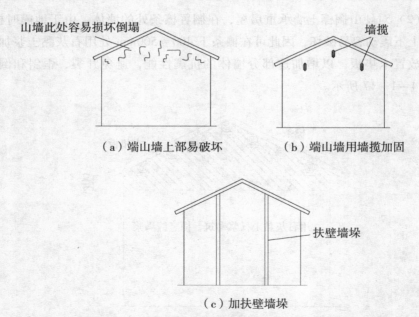

(a)端山墙上部易破坏   (b)端山墙用墙揽加固

(c)加扶壁墙垛

图 4 – 1 – 19 硬山搁檩的端山墙加固示意图

(5)当房屋横墙之间无可靠拉结措施时,可在两道承重横墙之间、天棚高度处设置一些木杆插入墙里并用墙揽连接,这样便既可加强横墙之间的拉结，又可用于做简易天棚，增加墙体的稳定性，如图 4-1-21 所示。

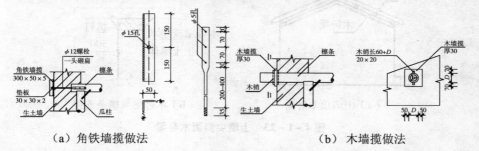

（a）角铁墙揽做法　　　　　　　　　　（b）木墙揽做法

图 4-1-20　墙揽连接

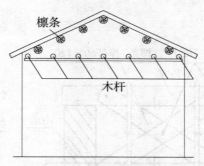

图 4-1-21　横墙间拉结示意图

（6）对硬山搁檩生土房屋，山墙两边可以采取用方木墙揽与檩条连接，以阻止檩条在山墙上滑动，如图 4-1-22 所示。山墙较宽或较高时，也可砌置壁墙垛，对其进行加固。

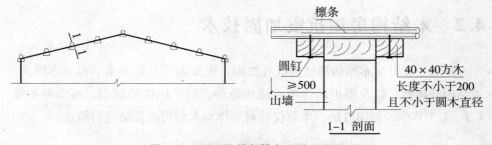

图 4-1-22　山墙与檩条连接示意图

（7）山尖墙顶宜沿斜面放置木卧梁支撑檩条，如图 4-1-23（a）所示，木卧梁与檩条的连接可参见图 4-1-23（b）。

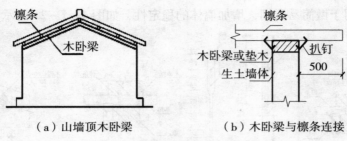

（a）山墙顶木卧梁　　　　（b）木卧梁与檩条连接

图 4 - 1 - 23　上墙尖斜面木卧梁

（8）宜在中间檩条和中间系杆处设置竖向剪刀撑；剪刀撑与檩条、系杆之间及剪刀撑中部宜采用螺栓连接；剪刀撑两端与檩条、系杆应贴紧不留空隙，如图 4 - 1 - 24 所示。

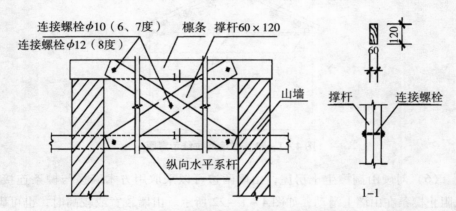

图 4 - 1 - 24　硬山搁檩屋盖山尖墙竖向剪刀撑

4.2　木结构房屋抗震加固技术

本节主要针对木结构房屋的抗震加固，主要加固对象为木节点、木屋架、木结构整体性，以及围护墙体的连接构造等，对于墙体的加固，可参考本章 4.1、4.3 节中的加固方法，本节仅针对墙体与木结构的拉结进行阐述。

4.2.1　木结构房屋抗震加固的原则

木结构房屋的抗震加固，可根据实际情况，采取减轻屋盖重量或加固木构架的方法。需减轻屋盖重量时可将屋顶泥被用轻质保温材料替换。木构架房屋的加固包括：加固木构架节点、增设柱间（屋架间）支撑、增设抗震墙等措施以提高木构架房屋的抗震能力。木构架房屋抗震加固时，可不进行抗震验算，但烈度8、9度区Ⅳ类场地的房屋应适当提高抗震构造要求。

木构架的加固应符合下列要求：

（1）木骨架的构造形式不合理时，应增设防倾倒的构件。

（2）烈度8度及以上地区，柱脚应采用铁件木柱与柱础（基石）应有可靠连接。

（3）檩与椽和屋架，龙骨与大梁和楼板应钉牢；对接檩下方应有替木或爬木；对接檩在屋架上的支承长度不应小于60mm。

（4）对拉榫、折榫、脱榫等缺陷的梁柱节点应进行加固处理。木柱梢径小于120mm以及烈度8、9度区无廊厦的木构架，柱高超过3m时，对梁柱节点应进行加固处理。对梁柱节点进行加固时应保证木梁、木柱有足够的强度。

（5）木构架倾斜度在烈度7度区超过1/3且有明显拔榫时，或在烈度8、9度区有歪闪时，应先打牮拨正，后用铁件加固，也可在柱间增设抗震墙并加强节点连接。

（6）在烈度8度及以上地区，当横墙间距超过6m时，应设置抗震墙或横向柱间支撑。增设的柱间支撑或抗震墙在平面内应均匀布置。

（7）柱顶在两个方向均应有可靠连接；在烈度8度区，木柱上部与屋架的端部宜有角撑，角撑与木柱夹角不宜小于30°。

（8）柱顶宜有通长水平系杆，房屋端开间的屋架间应有竖向支撑；有密铺木望板或四坡顶时，屋架间可无支撑。

（9）穿斗木构架梁柱连接未采用燕尾榫和穿枋时，可采用后加穿枋加固；当榫截面占柱截面大于1/3时，可采用钢板条、扁钢箍、贴木板或铁丝绕丝箍等加固。

（10）对于未设置穿枋得二层穿斗式木结构，底层纵向柱间可采用斜撑或剪刀撑加固，且不少于两对。

4.2.2 节点抗震加固技术

村镇木构架节点的抗震加固主要是为解决因结构构造缺陷造成的整体性差的问题，以及针对榫卯节点出现影响承载性能的外观缺陷进行相应的补强加固，以提高榫铆节点的抗弯、抗剪和抗拔能力。加固节点时应注意被加固节点在结构中的分布，要避免因节点加固引起的结构刚度不均匀。

木构架节点常用的加固方法有加钉法、螺栓加固法、加箍法、托木法、拉杆法、附加梁板法、铁件加固、FRP 材料包裹和更换榫头的方法。

4.2.2.1 柱脚节点的加固

木柱是木结构中最重要的竖向承重构件，为防止木柱在地震中从柱础石上滑落，加强柱脚和基础的锚固是十分必要的。因此，对于烈度 8 度及以上地区，柱脚应采用铁件将木柱与柱础（基石）进行可靠连接。一般可采用铁件和螺栓拉结等方式（如图 4 - 2 - 1 所示）。

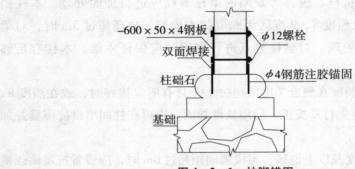

图 4 - 2 - 1   柱脚锚固

4.2.2.2 梁柱节点加固

对于不同的结构形式，以及不同的抗震设防要求，木结构梁柱节点应采取不同的加固方法，以保证加固措施的有效性、经济性。以下对木柱木梁、木柱木屋架及穿斗式木结构分别给出了加固方法。

1. 木柱木梁结构节点加固

烈度 8、9 度区的木柱木梁结构的梁柱节点可采用双夹板角撑加固（如图 4 - 2 - 2 所示）。此方法施工简便，加固后屋架整体性及抗倾覆能力有显著提高。此外，这种加固方法还可以起到加强梁支撑端抗剪能力的作用。但该方法对房屋外观及室内空间有一定的影响。

角撑施工时应根据设计要求和实测尺寸放样下料，安装时夹板应对称平行放置，其角度和螺栓位置要正确，夹板两端和梁、柱结合面应平整严实。

木柱木梁结构的梁柱节点还可采用增设扁钢—附木（如图 4 - 2 - 3 所示）进行加固，此方法加固效果与角撑加固效果相近，适用于烈度 8、9 度区，而

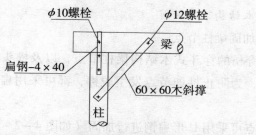

图4-2-2 双夹板角撑加固梁柱节点

且对室内空间和外观影响较小，但施工难度稍大；加固时应一次钻通托木与柱的孔眼，螺栓固定后附木应与梁柱接触严密，螺栓位置应注意避让。

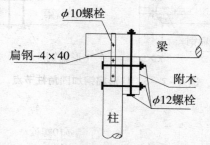

图4-2-3 木柱木梁柱节点处附木加固梁柱节点

2. 木柱木屋架梁柱节点加固

木柱木屋架梁柱节点可采用扒钉—三角木的方法（如图4-2-4所示）进行加固，此方法适用于烈度6、7度区。对于烈度8度区，可参照木柱木梁结构节点的双夹板角撑法加固。

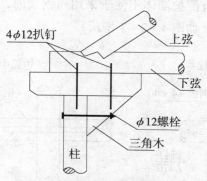

图4-2-4 三角木加固梁柱节点

3. 穿斗式木结构节点加固

（1）扁铁加固梁柱节点

对未设置穿枋的穿斗式木结构梁柱节点，以及榫头仅出现因干缩引起松动的梁柱节点，为防止榫卯节点发生脱榫，都可采用扁钢进行加固，具体加固措施如下：

①边柱节点可采用 U 形扁钢进行加固（如图 4-2-5 所示）；中柱节点可采用钢夹板进行加固（如图 4-2-6 所示）。

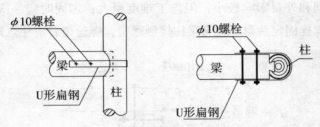

图 4-2-5 U 形扁钢加固角柱节点

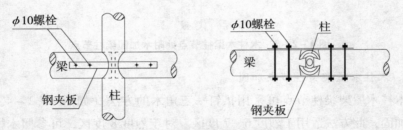

图 4-2-6 钢夹板加固中柱节点

②排山架位置因有围护墙体不便于采用扁钢加固，此时节点可采用单面钉钢板方法进行加固（如图 4-2-7 所示）。

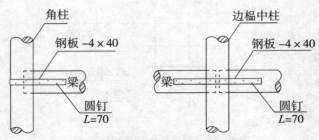

图 4-2-7 单面钉钢板加固节点

③当柱在榫接处截面削弱过大，可采用两对钢夹板进行加固（如图4-2-8所示）。

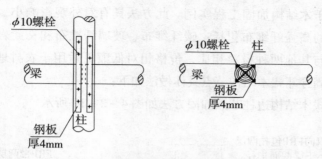

图4-2-8 楼层大梁与中柱节点的加固措施

（2）托木加固梁柱节点

对于穿斗式木结构的梁柱节点，如存在铆卯松动、榫头腐朽、虫蛀或榫头过小等缺陷，可采用加设托木的方法进行加固（如图4-2-9所示）。用托木加固梁柱节点，节点榫卯应复位，打紧木楔固定牢靠，加固时应一次钻通托木与柱的孔眼，螺栓固定后托木应与梁柱接触严密。

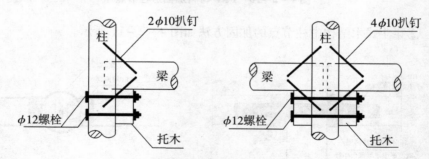

（a）适用于烈度6、7度区

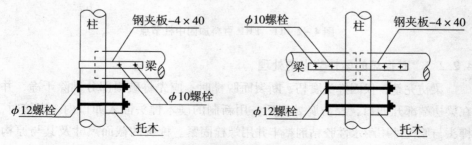

（b）适用于烈度8、9度区

图4-2-9 穿斗式木结构梁柱节点榫头受损时的加固

（3）纤维增强复合材料（FRP）加固梁柱节点

随着FRP材料在土木工程领域的应用，采用FRP材料加固木结构节点已经开始应用于木结构加固工程实例。此方法具有对外观影响小，耐久性好的特点。常用的高强纤维布包括：碳纤维布、玻璃纤维布和玄武岩纤维布。玄武岩纤维布与其他两种材料相比，价格相对低廉更适用于农村地区。FRP材料较适宜加固穿斗式木结构节点具体做法如下：

①穿斗式木结构边柱节点加固方法如图4-2-10所示。

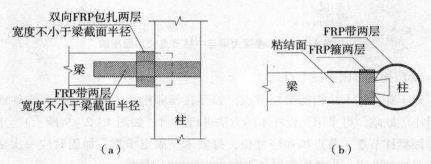

图4-2-10　FRP材料加固边柱节点

②穿斗式木结构中柱节点的加固方法如图4-2-11所示。

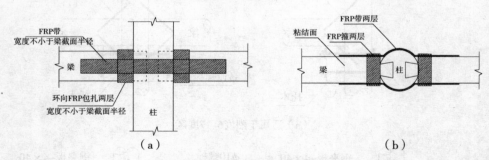

图4-2-11　FRP材料加固中柱节点

4.2.2.3　对损坏的梁柱节点的处理

梁枋完整，仅因榫头腐朽、断裂而脱榫时，应先将破损部分剔除干净，并在梁枋端部开卯口，经防腐处理后，用新制的硬木榫头嵌入卯口内。嵌接时，榫头与原构件用耐水性胶粘剂粘牢并用螺栓固紧。榫头的截面尺寸及其与原构件嵌接的长度，应按计算确定。同时，应在嵌接长度内用FRP箍或扁钢箍箍紧，或者在接缝区域一定范围内设置两层双向FRP箍（如图4-2-12所示）。

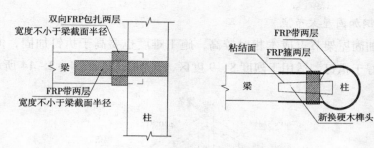

（a）FRP箍箍紧新换榫头

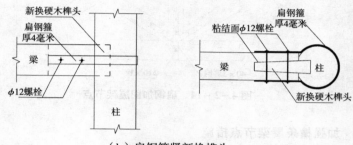

（b）扁钢箍紧新换榫头

图4-2-12   更换损坏榫头

4.2.2.4   屋架节点加固

屋架节点一般可采用铁件加固，这种加固方法简单有效。加固木节点的铁件包括扒钉、扁铁。

1. 扒钉加固屋架节点

扒钉加固屋架节点简单易行，不同规格的扒钉适合不同的抗震要求，如图4-2-13所示。

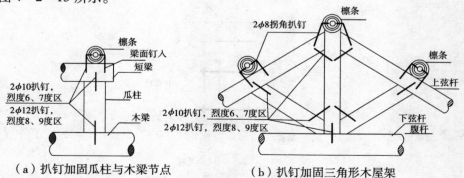

（a）扒钉加固瓜柱与木梁节点　　　　（b）扒钉加固三角形木屋架

图4-2-13   扒钉加固屋架节点

2. 扁钢加固屋架节点

扁钢加固屋架节点成本相对较高，施工难度也要高于扒钉加固，但加固效果也要好于扒钉。适用于烈度8、9度区，具体做法如图4-2-14所示。

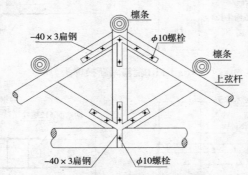

图4-2-14 扁钢加固屋架节点

4.2.2.5 加强檩条屋架节点措施

木结构的檩条与屋架上弦、瓜柱、墙的连接要牢靠，尤其是脊檩和檐檩与梁（屋架）的联系，因为它对木构架的纵向刚度很重要。

（1）木檩对接时，应对燕尾榫相连或交错搭接用扒钉钉牢。对未采取以上拉结措施的对接檩条可采取以下方法加固。

①无拉结措施的对接檩，在瓜柱上的支承长度，烈度7度时小于60mm，烈度8、9度小于80mm支承长度不足时可采取如下措施进行加固，如图4-2-15所示。

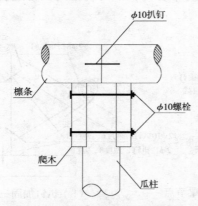

图4-2-15 瓜柱上方对接檩加固

②木屋架上的对接檩条可采用木夹板加强檩条连接（如图 4 - 2 - 16 所示）。烈度 6、7 度区可采用钉接，烈度 8、9 度区可采用螺栓连接。

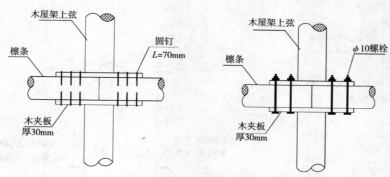

图 4 - 2 - 16　木夹板加强檩条连接

（2）用直径不小于 12mm 的螺栓将檩条与上弦连接，如图 4 - 2 - 17 所示。

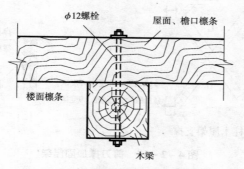

图 4 - 2 - 17　梁和檩条之间的连接

4.2.3　结构体系的加固措施

结构体系的加固就是在主要构承重构件或屋架之间增设连接杆件，以增强屋架的整体性、抗侧刚度和强度。常用的加固方法有增设竖向支撑、水平支撑，增设抗震墙等。

4.2.3.1　提高木结构抗侧刚度的措施

1. 增设竖向剪刀撑

为保证木构架的纵向稳定性，在端开间的两榀屋架之间设置竖向剪刀撑，剪刀撑可以设置在靠近屋脊节点处与下弦中央节点处，或在相邻两榀木构架的立柱之间设置（如图 4 - 2 - 18 所示）。

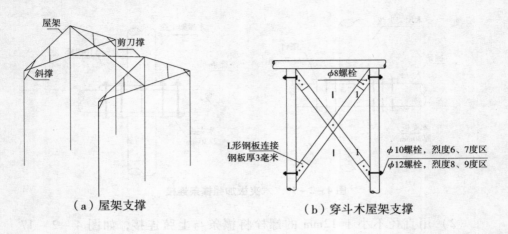

（a）屋架支撑　　　　　　　　　　（b）穿斗木屋架支撑

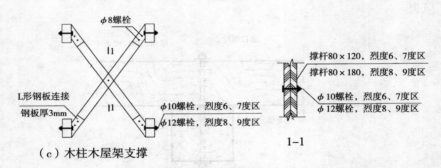

（c）木柱木屋架支撑

图 4 - 2 - 18　剪刀撑加固屋架

2. 增设横向斜撑

为了木构架的横向稳定性，防止木构架产生过大变形，可通过在屋架与柱子连接处设置斜撑的方式（如图 4 - 2 - 19 所示），以增强结构的横向抗侧刚度。

3. 增设抗震墙

抗震墙的形式包括砖砌体抗震墙、斜钉木壁板抗震墙、木板抗震墙。

（1）增设砌砖抗震墙

烈度 7 度区木骨架横向倾斜小于柱径的 1/3 时，以及烈度 8、9 度区当横墙间距超过 6m 时，可在木柱间用不低于 M2.5 砂浆砌筑厚度不小于 240mm 的整砖抗震

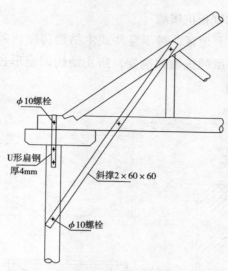

图 4 - 2 - 19　屋架与柱间的斜撑

横墙，横墙应做基础，并沿墙高每隔 1m 设一道长 700mmU 形 ϕ6 钢筋，放钢筋处的墙体用 M2.5 砂浆砌筑，墙体内钢筋与木柱应有可靠拉结措施，具体做法如图 4 - 2 - 20 所示。另外，烈度 8、9 度区墙顶应与柁（梁）连接。

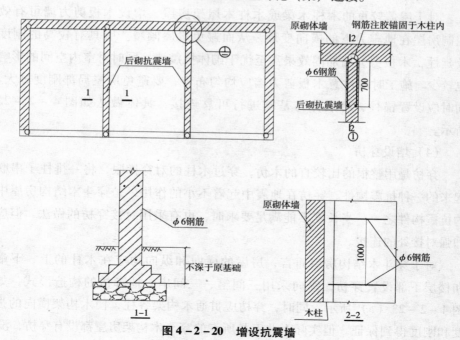

图 4 - 2 - 20　增设抗震墙

（2）增设斜钉木壁板抗震墙

在烈度 8 度及以上地区，对于穿斗式木结构房屋，采用斜钉壁板的方法可大大提高木结构房屋的抗侧移刚度，防止结构因变形过大而破坏，具体做法如图 4 – 2 – 21 所示。

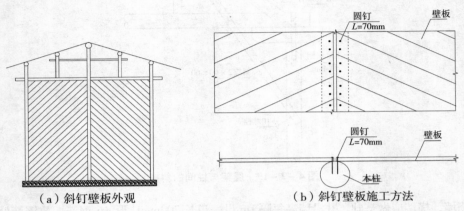

（a）斜钉壁板外观　　　　　（b）斜钉壁板施工方法

图 4 – 2 – 21　斜钉壁板

（3）增设木板剪力墙

对于屋盖较重的木柱木梁或木柱木屋架房屋，增设木板剪力墙可有效控制房屋在地震力下的横向变形，从而避免房屋倾覆。因具有较高的刚度及延性，木板剪力墙加固效果甚至优于砌体抗震墙，同时对室内空间的影响也较少。施工时应注意木板剪力墙应均匀布置，要避免房屋局部刚度过大。同时应设置锚栓，将墙体与基础进行可靠连接。具体做法如图 4 – 2 – 22 所示。

（4）增设穿枋

穿枋是用整根的比较直的木仿，穿过木柱的对穿榫眼，将一排柱子串联起来的一种抗震构件。穿枋在地震中起着不小的作用，是穿斗木结构房屋中的抗震构件之一。当长度不能满足要求时，也有采用对接穿枋的做法，但应加强对接处的连接。

对于穿斗木结构房屋而言，房屋的横向和纵向均应在木柱的上、下端和楼层下部设置穿枋，纵向采用三间箍、三间串、地脚枋的构造形式，如图 4 – 2 – 23（a）所示。同时，穿枋应贯通木构架各柱，使木构架横向的强度和刚度得到保证。但实际上并不是所有的穿斗木构架房屋都设有穿枋，没

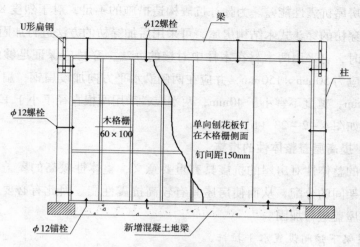

图4-2-22 木板剪力墙

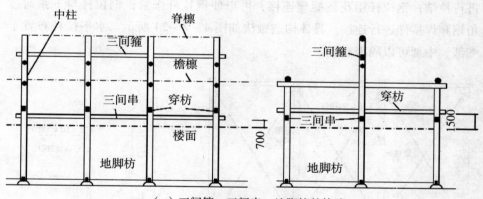

（a）三间箍、三间串、地脚枋的构造

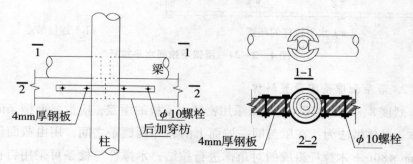

（b）后加对接穿（斗）枋做法

图4-2-23 增设穿（斗）枋

有穿枋的房屋抗震性能差。为弥补抗震构造措施的不足，对于烈度 8、9 度区的未设置穿枋的穿斗式木结构房屋，可采用后加穿枋的方法进行加固。

施工时，可采用两木材在木柱中对接的办法，穿枋应保证足够的横截面积，至少应为 50mm×150mm，并应在两侧沿水平方向加设扁钢；扁钢厚度不宜小于 4mm，宽度不宜小于 40mm，两端应各采用两根直径不小于 12mm 的螺栓固定，如图 4-2-23（b）所示。

4.2.3.2 提高屋盖整体性的措施

屋盖的整体性对房屋的抗震具有重要意义，整体性较高的屋盖有利于地震力在屋架间的分配，从而使房屋具有较高抗震性能。因此有必要对构件连接较弱的屋盖进行加固。

1. 屋架下弦间设置水平拉杆

在相邻两榀木屋架的下弦之间，用由两根 φ20 钢拉杆组成的水平对角撑进行拉结；钢拉杆用花篮螺丝连接，可以使钢拉杆张紧；钢拉杆与下弦通过角钢和焊接件进行连接。具体构造做法如图 4-2-24 所示。水平拉杆布置于端部，中部可以隔跨布置。

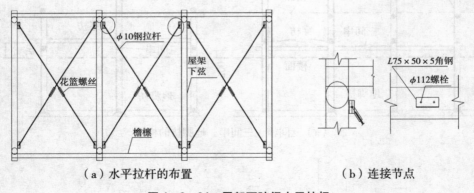

（a）水平拉杆的布置　　　　　（b）连接节点

图 4-2-24　屋架下弦间水平拉杆

2. 沿屋面檩条间设置斜撑

烈度 8、9 度地区，对于未采用密铺木望板的屋盖，应沿屋面檩条间设置斜撑。具体做法为：在屋盖同一坡面上的相邻两檩条之间，用由截面尺寸为 40mm×80mm 木撑杆组成的对角撑进行拉结；木撑杆与檩条可采用钉接。具体构造做法如图 4-2-25 所示。

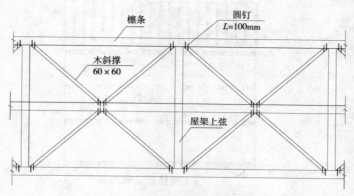

图 4 - 2 - 25　坡屋面檩条间的剪刀撑

4.2.4　围护墙体抗震加固技术

　　木结构房屋的震害在大多数情况下表现为房屋围护墙体或内隔墙的倒塌。墙体的倒塌往往是造成人员伤亡的主要原因。因此有必要在加固木构架的同时对墙体本身进行加固，并增加或增强墙体与木构架之间的拉结措施，以避免地震时木构架和墙体之间的相互碰撞。

4.2.4.1　加强围护墙体与木结构的拉结措施

　　1. 角钢加固墙体

　　为了增强墙体的整体性，有效地抑制墙体的开裂、错位或倒塌等破坏，可自檐口处向下，在墙体内、外加设三道角钢带（$L30 \times 3$）将墙体大致三等分，如图 4 - 2 - 26（a）所示。内外侧角钢用穿墙螺杆连接，并与木柱夹紧，如图 4 - 2 - 26（b）所示，以加强墙体的整体性及墙体与木柱间的拉结。

　　2. 打包带加固墙体

　　烈度 8 度和 9 度地区可采用打包带加固砖砌体墙和土坯墙，打包带的间距不大于 400mm，应用 8 号铁丝与木柱进行拉结。具体加固措施可参考砌体结构房屋抗震加固技术。

4.2.4.2　加强内隔墙与屋架间拉结的措施

　　为防止内部隔墙在地震时倒塌伤人，应在墙顶与屋架下弦进行连接。当为砖墙时，宜用角钢夹加固的方式；若为土坯墙，则可沿木梁间隔加钉双面木板夹住隔墙，如图 4 - 2 - 27 所示。

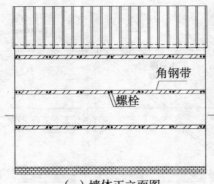

（a）墙体正立面图

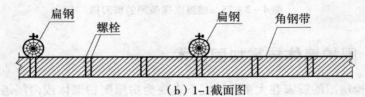

（b）1-1截面图

图 4 - 2 - 26　角钢加固墙体

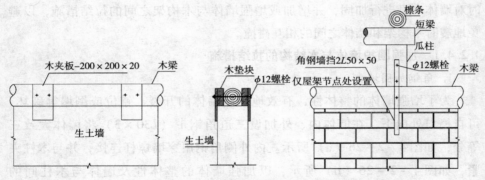

图 4 - 2 - 27　墙顶与屋架下弦连接措施

4.2.4.3　增强山墙与木构架间拉结的措施

（1）对于檩条出山墙的房屋，可采用木墙揽，如图 4 - 2 - 28 所示。木墙缆可用木销或铁钉固定在檩条上，并应与山墙卡紧。

（2）对于檩条不出山墙的房屋，可采用铁件（角钢、梭形铁件等）墙揽，如图 4 - 2 - 29 所示，可先在墙体上钻孔，再用螺栓连接墙揽，并与屋架或柱子固定。

（3）烈度 7 度时区外墙高度超过 3.5m 的墙体以及烈度 8 度和 9 度的外墙，沿柱高每隔 1m 与柱应有一道拉结，如图 4 - 2 - 30 所示。

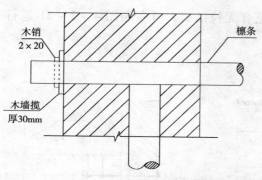 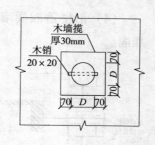

图 4 - 2 - 28　出山墙的檩条增设墙揽

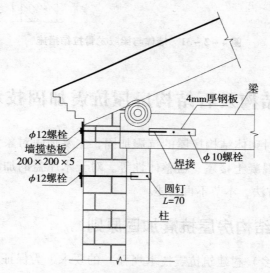

图 4 - 2 - 29　不出山墙的檩条增设墙揽

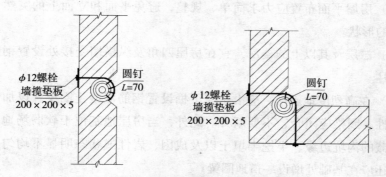

图 4 - 2 - 30　木柱与墙体拉结措施

（4）沿楼盖四周墙体与梁或龙骨无拉结时，可参照图4-2-31进行加固。

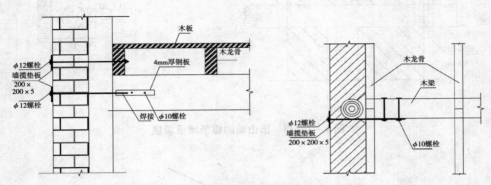

图4-2-31 墙体与梁或龙骨拉结措施

4.3 砌体结构及石结构房屋抗震加固技术

本节主要针对砌体结构房屋的抗震加固，主要加固对象为墙体、房屋整体性，以及预制混凝土楼屋、盖整体性等。对于木屋盖的加固，可参考本章4.2节中的加固方法，本节不再赘述。

4.3.1 砌体结构房屋抗震加固原则

根据《镇（乡）村建筑抗震技术规程》的要求，为保证结构安全性，提高结构抗震承载力，在村镇房屋建造时应满足以下几点要求。

（1）房屋平面布置应力求简单、规整，避免平面和立面上的突然变化和不规则的形状。

（2）二层及其以上的楼房，宜在房屋四角及纵横墙交接处设置钢筋混凝土构造柱。

（3）在高烈度地震区，应沿房屋下檐设置钢筋混凝土圈梁，以加强房屋的整体性。圈梁应闭合，不要断开。此外，当房屋地基位于软弱场地、故河道、暗藏的沟坑边缘、半挖半填土以及成因、岩性或状态明显不均匀的地层上时，还应在基础处增设一道地圈梁。

（4）纵横墙交接处应同时咬槎砌筑，并沿高度方向每隔500mm左右放置

二根 $\phi6$ 的拉结钢筋，每边深入墙内不少于 $1m$。

（5）对于砖柱承重房屋的砖柱，要有足够的强度，砖柱的砌法也要符合抗震要求，不要采用整体的包心砌法，砌筑砂浆最好采用石灰砂浆或水泥砂浆。

（6）历史地震经验表明，小开间横墙承重方案抗震性能好。因此，在选择结构承重方案时应采用横墙承重方案，尽量避免纵墙承重方案，并要求砖墙在平面内闭合，不能有开口墙。

（7）加强构件相互间以及构件与墙体间的连接。如要确保梁、楼板、檩条等在墙体上的搭接长度，并使之与墙体有很好的锚固，同时也要保证楼板在梁上的搭接以及檩条与檩条之间的相互连接等。

综合以上几点，根据房屋结构的缺陷，村镇砌体房屋抗震加固应主要从以下几方面进行。

（1）加强墙体自身的整体性和强度

由于材料强度偏低，施工工艺差，墙体间无有效拉结，墙体自身的抗震承载力偏低，延性较差。在地震力作用下，墙体变形较大，开裂严重，甚至破坏。这部分主要可以通过加强构造措施和对墙体自身的抗震加固解决，如钢筋网水泥砂浆面层加固、混凝土面层加固等。

（2）加强房屋整体性

村镇砌体房屋结构形式多样，横墙承重、纵墙承重和纵横墙承重以及与柱混合承重的情况均有，抗震性能也各有不同，普遍存在抗震缺陷。而屋面取材多为木结构或预制板，现浇楼板较少，属于刚柔性屋盖，结构本身的整体性较差，又缺少足够的构造措施，如无圈梁，屋架与墙体间缺少有效连接，檩条直接搁置于山墙等。因此，在现有结构形式下，加强房屋整体性是提高结构抗震承载力的主要方法，这部分主要通过加强构造措施解决。

（3）加强屋盖系统整体性

屋盖系统的整体性可保证屋面荷载均匀传给墙体等竖向构件，加强屋盖刚度，避免房屋局部倒塌。钢、木屋盖加设斜撑、竖向剪刀撑可增强屋架横向与纵向稳定性，墙揽拉结山墙与屋盖，可防止山墙的外闪破坏，内隔墙稳定性差，墙顶与梁或屋架下弦拉结是防止其平面外失稳倒塌的有效措施。这部分也主要通过加强构造措施解决，可参考生土结构和木结构房屋的屋盖加固措施。

4.3.2　砌体墙体抗震加固技术

4.3.2.1　拆砌或增设抗震墙

1. 局部拆砌

当房屋局部破裂或强度过低时，可将原墙体局部拆除，并按提高砂浆强度一级且不低于 M2.5 用整砖填砌。如墙体严重酥碱、空臌、歪闪，应拆除重砌。

2. 增加横墙

新增墙体的砌筑砂浆强度等级应比原墙提高一级，且不低于 M2.5，墙厚不应小于 190mm，墙顶设置与墙同宽的现浇混凝土压顶梁，并与楼、屋盖的梁（板）可靠连接，可每隔 500～700mm 设置 φ12 的锚筋或锚栓连接。墙体应与原有墙体可靠连接，具体如图 4-3-1 所示。新增墙应有基础，其埋深宜与相邻横墙相同，宽度不小于计算宽度的 1.15 倍。

3. 托梁换柱

主要用于独立砖柱承载力严重不足时，先加设临时支撑，卸除砖柱荷载，然后根据计算确定新砌砖柱的材料强度和截面尺寸，并在梁下增设梁垫。

4. 砖柱承重改为砖墙承重

原为砖柱承重的大房间，因砖柱承载能力严重不足而改为砖墙承重，成为小开间建筑。

4.3.2.2　墙体加固

当墙体的抗震承载力不足时，主要有以下几种常用加固方法：在墙体的周圈用角钢和打包带进行加固，或在墙体的一侧或两侧采用素水泥砂浆面层、钢筋网水泥砂浆面层加固。

1. 素水泥砂浆面层加固

该方法是将需要加固的砖墙表面除去粉刷层后，直接抹水泥砂浆的加固方法。宜根据原墙体的破坏程度分别采用双面或单面进行加固。该方法用于承载力提高要求不大的房屋。

具体做法为：首先必须将原有砖墙的面层清除，将灰缝剔除至深 5～10mm，用钢刷清洗干净；再将原砖墙充分喷湿；再涂界面黏合剂或素水泥浆一道；最后分层抹上 20～25mm 厚水泥砂浆，砂浆强度应不小于 M10。

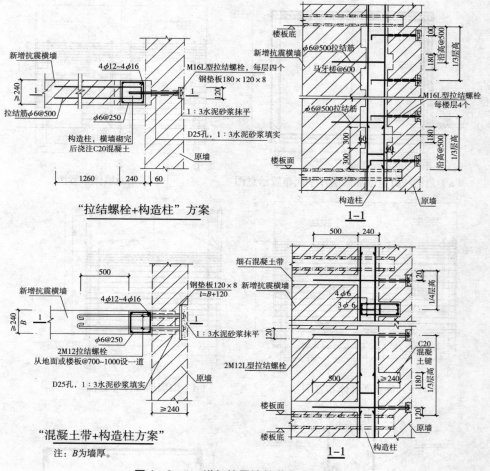

图 4-3-1 增加抗震墙的节点连接做法

2. 角钢—打包带加固

对贫困地区房屋,可采用该方法进行加固,主要针对"裂而不倒"的加固目的进行。该方法采用市场上比较常见的 PET(聚对苯二甲酸乙二醇酯)塑钢打包带,宽度 19mm,厚度 1mm。具体做法是:在砖墙的每个角部用锚固钢筋植入基础,上部与 $L50 \times 50 \times 3$ 角钢搭接焊接,角钢上部与砖墙顶面齐平;沿墙高间隔 200mm 用打包带围箍,接头处的搭接长度不少于200mm,打包带张紧后接头处用卡扣紧固;最后在墙体表面涂抹素水泥或其他遮盖物后,即完成对墙体的加固。具体布置如图 4-3-2 所示。该加固方法施工快捷,角钢和打包带在市场常见,且比起钢筋网水泥砂浆面层加固造

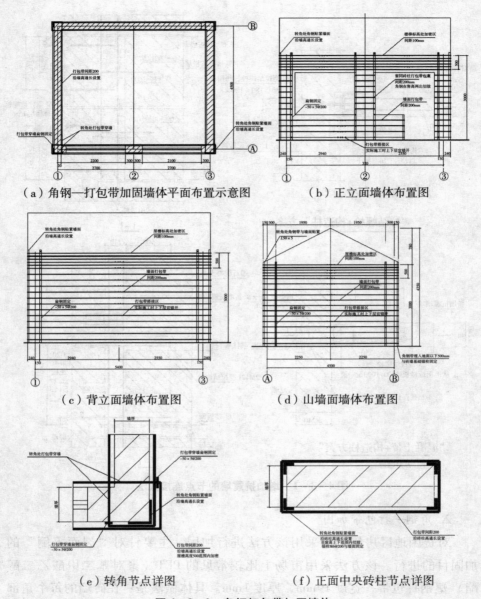

（a）角钢—打包带加固墙体平面布置示意图 （b）正立面墙体布置图

（c）背立面墙体布置图 （d）山墙面墙体布置图

（e）转角节点详图 （f）正面中央砖柱节点详图

图4-3-2 角钢打包带加固墙体

价偏低，主要用于贫困地区承载力提高要求不大但延性要求提高明显的房屋。

3. 配筋砂浆带加固

对于原砌体结构未设置圈梁、构造柱的房屋，可采用配筋砂浆带代替圈梁、构造柱。替代圈梁的配筋砂浆带设置在楼板板底处；替代构造柱的配筋砂浆带设置在墙体的转角处（包括与纵墙连接处）。

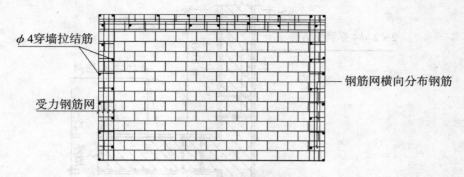

图 4 − 3 − 3　配筋加强带加固墙体

配筋砂浆带的条带宽度不宜小于 240mm，纵向钢筋间距根据设计要求宜为 50～100mm，架立钢筋间距一般取 250～300mm。配筋砂浆带在墙面的固定应平整牢固，钢筋与墙面净距宜不小于 5mm，外保护层厚度应不小于 20mm。锚固销钉布置成梅花形，且每平方 m 不少于 6 个。配筋砂浆带厚度不宜小于 40mm。配筋砂浆带在底部要植入基础内，楼面处要穿越楼板连接，使得加固层形成一个整体而不被分割。配筋砂浆带加固砌体结构在屋面处的做法如图4 − 3 − 4所示。圈梁替代钢筋在 T 形接口的改造做法如图4 − 3 − 5所示。

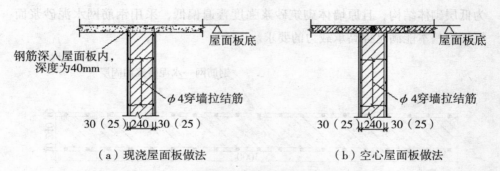

（a）现浇屋面板做法　　　　　　（b）空心屋面板做法

图 4 − 3 − 4　配筋加强带加固墙体局部连接做法

4. 钢筋网水泥砂浆面层加固法

该方法是将需要加固的砖墙表面除去粉刷层后，单面或双面附设 $\phi 4 \sim \phi 8 @ 100 \sim 200$ 的钢筋网片（在低烈度区，也可采用钢丝网片 $\phi 1 \sim 2 @ 20 \sim 30$），然后抹水泥砂浆的加固方法（如图 4 − 3 − 6 所示）。其提高承载力程度

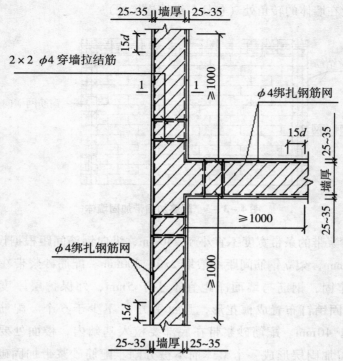

图 4 − 3 − 5 圈梁替代钢筋在 T 形接口的构造

强于素水泥砂浆面层加固，但不如用钢筋混凝土板墙加固。因为村镇住宅多为低层砌体结构，且原墙体砌筑砂浆强度普遍偏低，采用钢筋网水泥砂浆面层加固基本能满足提高承载力的要求。

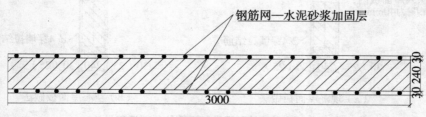

图 4 − 3 − 6 钢筋网水泥砂浆加固砖墙

具体做法是：首先必须将原有砖墙的面层清除，用钢刷清洗干净，绑扎钢筋网，钢筋网的钢筋直径为 4mm 或 6mm，双面加面层采用 $\phi6$ 的 S 形穿墙筋连接，间距宜为 900mm，并且呈梅花状布置；单面加面层的采用 $\phi6$ 的 L 形锚筋以凿洞填 M10 水泥砂浆锚固，孔洞尺寸为 60mm × 60mm，深 120 ∼

180mm，锚筋间距600mm，呈梅花状交错布置。再将原砖墙充分喷湿，再涂界面黏合剂，最后分层抹上35mm厚水泥砂浆，砂浆强度应不小于M10。钢筋网砂浆面层应深入地下，埋深不少于500mm，地下部分厚度扩大为150～200mm。空斗墙宜双面配筋加固，锚筋应设在眠砖与斗砖交接灰缝中。墙体具体节点做法如图4-3-7所示。

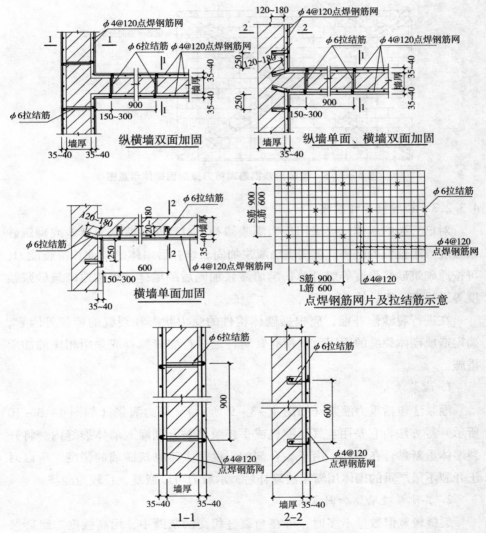

图4-3-7　钢筋网水泥砂浆加固砖墙节点做法

5. 高性能水泥复合砂浆钢筋网薄层（HPFL）加固

此方法类似于配筋砂浆带加固和钢筋网面层加固法，不再详述，也可做双面复合砂浆剪刀撑加固砖墙，但高性能水泥复合砂浆造价较普通水泥偏高。该方法只适用于加固没有设置门窗洞口的墙段。

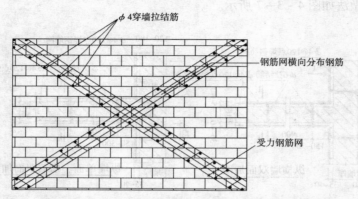

图 4 - 3 - 8　复合砂浆钢筋网剪刀撑加固砌体示意图

4.3.2.3　裂缝修补和灌浆

对已开裂的墙体，可采用压力灌浆修补，对砌筑砂浆饱满度差或砌筑砂浆强度等级偏低的墙体，可用满墙灌浆加固。修补后墙体的刚度和抗震能力，可按原砌筑砂浆强度等级计算；满墙灌浆加固后的墙体，可按原砌筑砂浆强度等级提高一级计算。

在进行裂缝修补前，应根据砌体构件的受力状态和裂缝的特征等因素，确定造成砌体裂缝的原因，以便有针对性地进行裂缝修补或采用相应的加固措施。

1. 灌浆法

灌浆法包括重力灌浆（如图 4 - 3 - 9 所示）、压力灌浆（如图 4 - 3 - 10 所示）等方法，它是用空气压缩机或手持泵将黏合剂灌入墙体裂缝内，将开裂墙体重新黏合在一起。由于黏合剂的强度远大于砌筑砖墙的强度，所以对于开裂不很严重的砌体用灌浆法修补后，承载力可以恢复，且较为经济。

2. 其他裂缝墙体加固方法

裂缝较宽但数量不多时，可在与裂缝相交的灰缝中，用高强度等级砂浆和细钢筋填缝，也可用块体嵌补法，即在裂缝两端及中部用钢筋混凝土楔子或扒锔加固，如图 4 - 3 - 11 所示。楔子或扒锔可与墙体等厚，或为墙体厚度

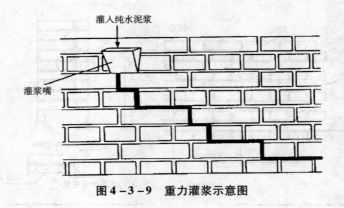

图 4 – 3 – 9　重力灌浆示意图

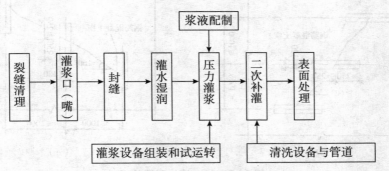

图 4 – 3 – 10　压力灌浆工艺流程

的 1/2 或 2/3。

当裂缝较多时，可在局部钢筋网（或钢丝网）外抹水泥砂浆予以加固，如图 4 – 3 – 12 所示。钢筋网可用为 $\phi 6@100 \sim 300$（双向）或 $\phi 4@100 \sim 200$，两边钢筋网用 $\phi 8@300 \sim 600$ 或 $\phi 6@200 \sim 400$ 的 "S" 形钢筋拉结。施工前墙体抹灰应刮干净，抹水泥砂浆前应将砌体抹湿，抹水泥砂浆后应养护至少 7 天。

4.3.2.4　砖柱加固

1. 外包混凝土加固砖柱

对于无筋独立砖柱，当截面抗震承载力不足时，可采用混凝土外包围套进行加固。

具体做法是：①去掉砖砌体建筑面层；②竖向受压钢筋直径一般采用 $\phi 8 \sim \phi 12$，横向箍筋一般采用 $\phi 6$，5 皮砖设一封口箍，其间设开口箍；③采用不低于 C20 级细石混凝土进行灌注，围套厚度一般 ≥100mm，基础部分厚 200mm。外包混凝土加固砖柱，如图 4 – 3 – 13 所示。

127

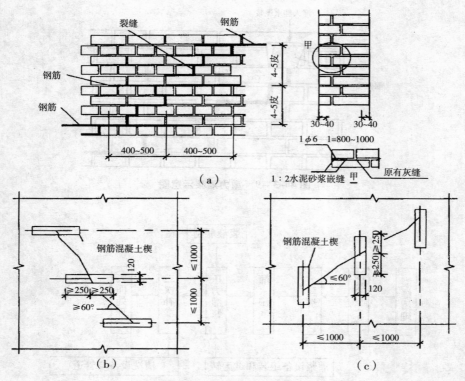

图 4 - 3 - 11　墙体裂缝处理

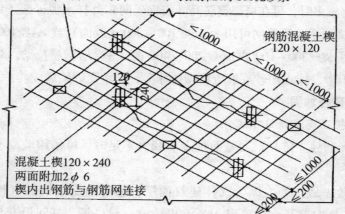

图 4 - 3 - 12　局部钢筋网抹水泥砂浆

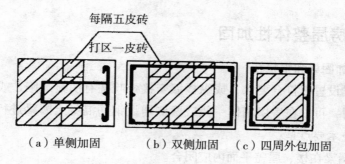

（a）单侧加固　　　（b）双侧加固　　（c）四周外包加固

图4－3－13　外加混凝土加固砖柱做法示意

2. 外包钢加固砖柱

对于无筋独立砖柱，当截面抗震承载力严重不足且不允许增大截面尺寸时，可采用外包角钢进行加固。该法属于传统加固方法，其优点是施工简便、现场工作量和湿作业少，受力较为可靠；但加固费用较高，并需采用类似钢结构的防护措施。

外包角钢加固砖柱如图4－3－14所示。具体做法是：①去掉墙体建筑面层；②将角钢用高强度水泥砂浆粘贴于被加固承重墙（或砖柱）四角，用卡具夹紧固定，焊上缀板；③要求外包角钢≥$L50 \times 5$，缀板采用35×5或60×12钢板；④加固角钢下端应可靠锚入基础，上端应有良好的锚固措施。

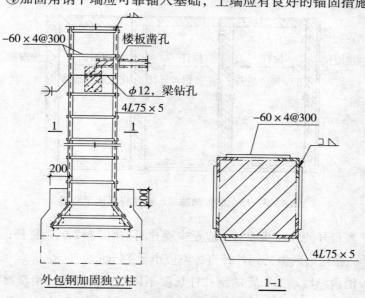

外包钢加固独立柱

图4－3－14　外包角钢加固砖柱详图

4.3.3　房屋整体性加固

4.3.3.1　加圈梁和钢拉杆

当圈梁设置不符合要求，或纵横墙交接处咬槎有明显缺陷，或房屋的整体性较差时，可以在房屋墙体一侧或两侧增设钢筋混凝土圈梁进行加固。增设圈梁的技术要点是：

（1）圈梁在楼、屋盖平面内应闭合。

（2）圈梁应现浇，其混凝土强度等级不应低于 C20，钢筋可采用 HPB235 级和 HRB335 级热轧钢筋。

（3）圈梁截面高度不应小于 180mm，宽度不应小于 120mm。配筋可采用 4φ10~4φ14，箍筋 φ6@200~250；每隔 1.5~2.5m 应有牛腿（或螺栓、锚固件等）伸进墙内与墙拉结好，并承受圈梁自重。

（4）增设的圈梁应与墙体可靠连接。钢筋混凝土圈梁与墙体的连接，可采用销键、螺栓、锚栓或锚筋连接；型钢圈梁宜采用锚栓连接。

也可对外墙采用钢筋混凝土现浇圈梁，内墙用钢拉杆（如图 4-3-15 所示），技术要求是：

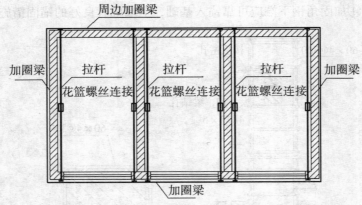

图 4-3-15　墙体加圈梁、钢拉杆平面示意图

（1）当每开间均有横墙时，应至少隔开间采用 2φ12 的钢拉杆；当多开间有横墙时，在横墙两侧的钢拉杆直径不应小于 14mm。

（2）沿内纵墙端部布置的钢拉杆长度不得小于两开间；沿横墙布置的钢拉杆两端应锚入外加柱、圈梁内或与原墙体锚固，但不得直接锚固在外廊柱头上。

（3）当钢拉杆在增设圈梁内锚固时，可采用弯钩或加焊 80mm × 80mm × 8mm 的锚板埋入圈梁内；弯钩的长度不应小于拉杆直径的 35 倍；锚板与墙面的间隙不应小于 50mm。

（4）钢拉杆在原墙体锚固时，应采用钢垫板，拉杆端部应加焊相应的螺栓。

（5）钢拉杆必须张紧，不得弯曲下垂，外露铁件涂刷防锈漆。

具体做法如图 4-3-16、图 4-3-17、图 4-3-18 所示。

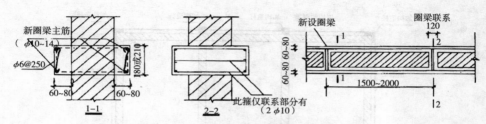

图 4-3-16　墙体双侧加圈梁节点做法

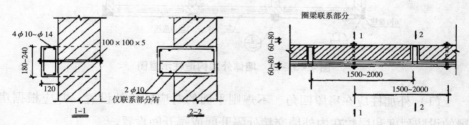

图 4-3-17　墙体单侧加圈梁节点做法

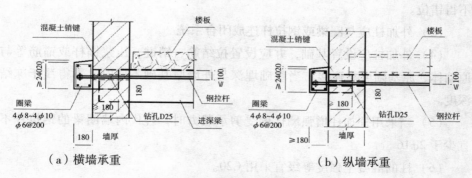

（a）横墙承重　　　　　（b）纵墙承重

图 4-3-18　墙体加钢拉杆节点做法

4.3.3.2　设构造柱加固

《镇（乡）村建筑抗震技术规程》规定，纵横墙交接处应符合下列要求：烈度 7 度时的空斗墙房屋、其他房屋中长度大于 7.2m 的大房间，以及烈度 8 度和 9 度时外墙转角及纵横墙交接处，还有突出屋顶的楼梯间纵横墙交接处，应沿墙高每隔一定距离设置拉结筋或钢丝网片。如这些位置无拉结构造，可在墙体交接处采用现浇钢筋混凝土构造柱加固，并与圈梁、拉杆连成整体，或与现浇钢筋混凝土楼、屋盖可靠连接。具体做法如图 4 – 3 – 19 和图 4 – 3 – 20 所示。技术要点包括：

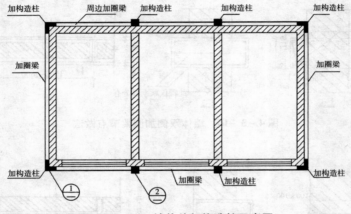

图 4 – 3 – 19　墙体外加构造柱示意图

（1）外加柱应在房屋四角、不规则平面的对应转角处设置，并应根据房屋的设防烈度和层数在内外墙交接处隔开间或每开间设置。

（2）外加柱宜在平面内对称布置，应由底层设起，并沿房屋全高贯通，不得错位。

（3）外加柱应与圈梁或钢拉杆连成闭合系统。

（4）外加柱应设置基础，并应设置拉结筋、销键、压浆锚杆或锚筋等与原墙体、原基础可靠连接。当基础埋深与外墙原基础不同时，不得浅于冻结深度。

（5）当采用外加柱增强墙体的受剪承载力时，替代内墙圈梁的钢拉杆不宜少于 2ϕ16。

（6）柱的混凝土强度等级宜采用 C20。

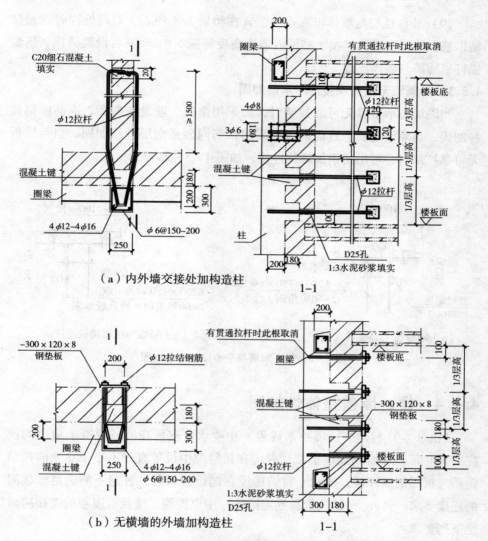

（a）内外墙交接处加构造柱

（b）无横墙的外墙加构造柱

图4-3-20 外加构造柱节点连接示意图

（7）柱截面可采用240mm×180mm或300mm×150mm；扁柱的截面面积不宜小于36000mm²，宽度不宜大于700mm，厚度可采用70mm；外墙转角可采用边长为600mm的L形等边角柱，厚度不应小于120mm。

（8）柱的纵向钢筋不宜少于4φ12，转角处纵向钢筋可采用12φ12，并宜双排设置；箍筋可用φ6，其间距宜为150～200mm，在楼、屋盖上下各500mm范围内的箍筋间距不应大于100mm。

（9）外加柱应与墙体可靠连接，宜在楼层 1/3 和 2/3 层高处同时设置拉结钢筋和销键与墙体连接，亦可沿墙体高度每隔 500mm 左右设置锚栓、压浆锚杆或锚筋与墙体连接。

4.3.3.3　隔墙无拉结或拉结不牢的加固

当隔墙与承重墙无可靠拉结时，可采用镶边、埋设铁夹套、锚筋或钢拉杆加固；当隔墙过长、过高时，可采用钢筋网砂浆面层进行加固。当与楼板无可靠拉结时，可用角钢加螺栓连接，如图 4-3-21 所示。

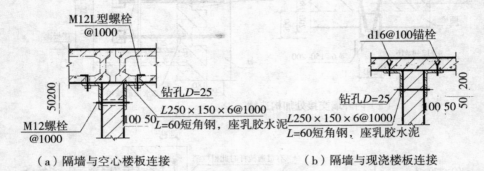

（a）隔墙与空心楼板连接　　　　　　（b）隔墙与现浇楼板连接

图 4-3-21　隔墙与空心楼板连接加固

4.3.4　楼、屋盖整体性加固

《镇（乡）村建筑抗震技术规程》中要求，支承在墙或混凝土梁上的预应力圆孔板，板端钢筋应搭接，并应在板缝隙中设置直径不小于 $\phi 8$ 的拉结钢筋与板端钢筋焊接，实际上村镇房屋在铺设楼板时，普遍不能满足楼板间的连接要求。另外，《建筑抗震鉴定标准》中也提到，楼盖、屋盖的连接应满足下列要求：

（1）楼盖、屋盖构件的支撑长度应不小于表 4-3-1 的规定；

（2）混凝土预制板构件应有坐浆；预制板缝应有混凝土填实，板上应有水泥砂浆面层。

当楼、屋盖构件支承长度不能满足要求时可增设托梁或采取增强楼、屋盖整体性等的措施，具体可包括板下加垫槽钢或角钢，板上加混凝土整浇层，板上下捆绑钢筋，以及支承板下加纵筋等方法，檩条、屋架与墙体之间无连接时可增加锚栓进行加固。

表 4-3-1　　　　　　　　　　楼盖、屋盖构件的最小支承长度　　　　　　　　单位：mm

构件名称	混凝土预制板		预制进深梁	木屋架、木大梁	对接檩条	木龙骨、木檩条
位置	墙上	梁上	墙上	墙上	屋架上	墙上
支撑长度	100	80	180 且有梁垫	240	60	120

4.3.4.1　楼、屋面板下分段加垫槽钢（适用于无圈梁）

分段加垫槽钢的具体做法如图 4-3-22 所示。

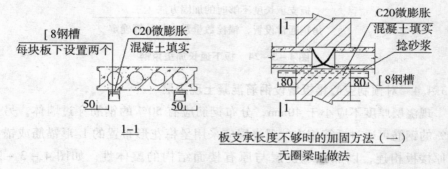

图 4-3-22　板下分段加垫槽钢

4.3.4.2　楼、屋面板下分段加垫角钢（适用于有圈梁）

分段加垫角钢的具体做法如图 4-3-23 所示。

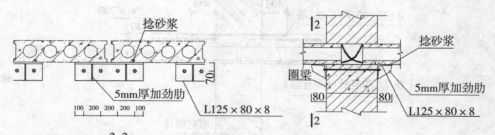

图 4-3-23　板下分段加垫角钢

4.3.4.3 楼、屋面板下通长加垫角钢（适用于有圈梁）

通长加垫角钢的具体做法如图 4 – 3 – 24 所示。

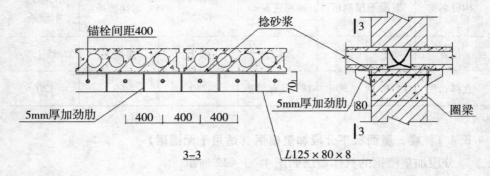

图 4 – 3 – 24 板下通长加垫角钢

4.3.4.4 对预制空心楼板增设钢筋混凝土现浇层

现浇层厚度不应小于 40mm，分布钢筋应有 50% 的钢筋穿过墙体，另外 50% 的钢筋可通过插筋相连，现浇层应采用呈梅花形布置的 L 形锚筋或锚栓与原楼板相连，以加强现浇层与原有楼面结构的整体性，如图 4 – 3 – 25 所示。

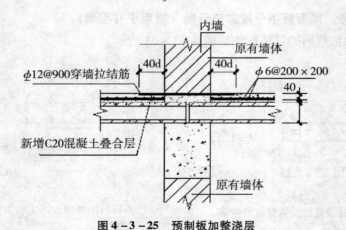

图 4 – 3 – 25 预制板加整浇层

5 既有村镇住宅结构地基基础加固技术指南

5.1 既有村镇住宅地基基础加固原则

我国广大农村地区，大量房屋地基基础存在着不同程度的病害，墙体裂缝、倾斜、基础断裂、腐蚀等病害屡见不鲜，但是极少有村民采取有效的加固处理措施，导致房屋在使用过程中就存在较大的安全隐患，一旦遭遇自然灾害，将严重威胁村民的生命财产安全。因而有必要对存在病害的房屋进行地基基础加固。通过对农村地区的实地调研，以静载缺陷和地震液化两种情况作为村镇地基基础是否需要加固的加固原则。

5.1.1 基本原则

（1）既有建筑地基和基础的鉴定、加固设计和加固施工必须由具有相应资质的单位来承担，而且应该按照国家规定的程序来进行校核、审定和审批。在我国村镇及偏远山区，可能不具有相应资质的单位，但也应有相关技术人员指导，按照规定程序进行设计、施工。

（2）既有建筑地基基础在加固之前，应由专业人员对地基和基础进行检测和鉴定，由此判断建筑物地基基础加固的必要性和可能性。

（3）既有建筑地基基础加固设计的主要步骤如下：

①对既有建筑物进行现状调查分析，主要包括沉降与裂缝实测资料、基础现状、建筑物使用及周边环境的实际情况。

②对既有建筑物破坏的原因进行认真和正确的分析，以采取相应的加固措施进行处理。

③通过调查分析，确定建筑物地基基础破坏的严重程度。

④选用合理的加固技术加固既有建筑地基基础。查明原因后，结合建筑结构及地基基础的现状，选择地基基础的初步加固方案，并分别从加固技术的有效性、施工难易程度、材料来源和运输条件、施工安全性、对邻近建筑物的影响、机具条件、施工工期和造价、经济合理性等反面进行比较选用最佳加固方法。

5.1.2　静载缺陷

地基随建筑物荷载的作用后，内部应力发生变化，表现在两个方面：一种是由于地基土在建筑物荷载作用下产生压缩变形，引起基础过大的沉降量或沉降差，使上部结构倾斜、开裂，造成建筑物沉降；另一种是由于建筑物的荷载过大，超过了基础下持力层土所能承受荷载的能力而使地基产生滑动破坏。

静载缺陷是指房屋在正常使用期间承受正常荷载的情况下，基础及上部结构所产生的损伤，如基础腐蚀、酥碱、松散和剥落，上部结构存在不均匀沉降裂缝和倾斜等。当基础存在腐蚀、酥碱、松散和剥落，上部结构存在严重裂缝、倾斜或裂缝、倾斜虽不严重，但继续发展时，为严重静载缺陷。由于房屋地基基础存在的问题只能通过上部结构才能反映出来，因而以房屋裂缝和倾斜作为主要指标，以确定相应的加固原则。

当村镇房屋存在静载缺陷时，应按下列两种原则进行评价，并考虑相应的加固方法。

（1）当房屋墙体出现的裂缝不大于10mm，或墙体倾斜不大于墙体高度的1%时，可采用提高上部结构抵抗不均匀沉降能力的措施。具体方法详见第5.4节。

（2）当房屋墙体出现的裂缝大于10mm，或墙体倾斜大于墙体高度的1%时，应考虑对地基基础进行加固。鉴于基础加固相对地基加固较容易实现，同时基础加固处于可见部位，更利于检查加固后的情况，因而推荐优先选用基础加固，具体方法详见第5.2节；但在村镇房屋鉴定时发现墙体裂缝或倾斜度继续增加，以及因地基不均匀沉降导致基础及上部结构的局部部位存在明显裂缝，说明房屋静载缺陷由地基引起，必须加固地基才能实现加固效果，具体方法详见第5.3节。

5.1.3 地震液化

地震液化是指由地震使饱和松散沙土或未固结岩层发生液化的作用。地震液化使砂体呈悬浮状态，地基的抗剪强度完全丧失，承载力也随之完全丧失。建造于这类地基上的房屋就会产生开裂、沉陷、倾斜甚至倒塌，造成极大危害。同时，地震液化可引起大规模滑坡，这类滑坡可以在坡度极缓甚至水平场地中发生。液化土的内因分析与判断可依据以下几点。

（1）土的粒径与级配：与中值粒径和不均匀系数有关。

（2）土的密实度：越密实越不易液化。

（3）土的上覆压力和侧向压力：应力越大越不容易液化。

具体地震液化判别详见《建筑抗震设计规范》GB50011。经判别地基为液化地基，宜采取提高上部结构抵抗不均匀沉降能力的措施。

5.2 基础加固方法

对基础进行加固是解决地基基础问题的一条途径，既可以改善基础本身存在的相关缺陷，如腐蚀、酥碱、松散或剥落等；同时，还可以增大基础底面积，减小上部荷载对地基引起的附加应力，以达到减小沉降，减缓地基破坏的作用；另外，加固基础还可以提高基础的刚度，以达到减小不均匀沉降的目的。

以下五种加固方式中前三种尤为适合农村地区房屋基础加固，应优先选用。

5.2.1 基础单面加宽

适用范围：各区域的农村住宅基础腐蚀、酥碱、松散或剥落程度较小，上部结构存在不均匀沉降裂缝和倾斜或局部倾斜的情况。

定义和目的：对基础的一侧进行加宽处理，增大基础底面积，达到减小地基附加应力和不均匀沉降的目的。

技术特点：施工简单、所需设备少。它常用于基础本身出现问题、基础底面积太小而产生较大沉降或不均匀沉降事故的处理，以及采用直接法加层时对地基基础的补偿加固。尤其适合于不影响房屋内部正常使用的情况。

技术局限性：现场施工的湿作业时间长，对生产生活有一定影响。

标准与做法：当原基础承受偏心荷载时，或受相邻建筑基础条件限制，或为不影响室内正常使用时，可用单面加宽基础（如图5-2-1所示）。所用材料为角钢和混凝土。施工时首先挖除基础底面以上的土体；然后为使新加部分与原有基础有很好的连接，常常将原基础表面凿毛，每隔一段距离设置角钢挑梁，且用膨胀混凝土将其牢牢地锚固在原基础上，在浇捣混凝土前，界面处应该涂覆界面剂；最后支模板并浇筑混凝土。

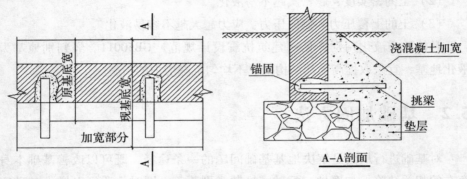

图5-2-1 单面加宽基础

5.2.2 基础双面加宽

适用范围：各区域农村住宅基础腐蚀、酥碱、松散或剥落较大，上部结构存在不均匀沉降裂缝和倾斜较大的情况。

定义和目的：对基础的两侧进行加宽处理，增大基础底面积，达到减小地基附加应力和不均匀沉降的目的。

技术特点：施工简单、所需设备少。常用于基础本身出现问题、基础底面积太小而产生过大沉降或不均匀沉降事故的处理，以及采用直接法加层时对地基基础的补偿加固。加固后不仅使基础底面积增大，降低原基底反力，而且受到混凝土围套的约束，原基础的刚度、抗剪、抗弯和抗冲切的能力得以提高。

技术局限性：现场施工的湿作业时间长，对生产、生活会有一定影响。

标准与做法：当原条形基础承受过大的中心荷载或小偏心荷载时采用双

面加宽。所用材料为钢筋或型钢和混凝土。基本方式如图5-2-2所示。如图5-2-2（a）所示为新旧基础的连接，采用掏挖原基础灰浆缝，并在原基础以上的墙体上凿凹坑以形成剪力键的方法。如图5-2-2（b）所示表示采用钢筋混凝土对砖、石基础加宽。如图5-2-2（c）、（d）所示为采用型钢或钢筋加强的新旧基础连接的方法。如图5-2-2（e）所示为某加固实例中所采用的加固形式。

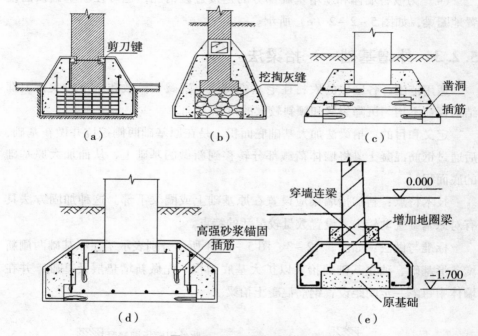

图5-2-2 双面加宽基础

在采用上述两种方法加宽、加大基础的施工过程中，应注意以下几点施工要求。

（1）在灌注混凝土前应将原基础凿毛并刷洗干净，再涂一层高强度等级水泥浆，沿基础高度每隔一定距离应设置锚固钢筋，也可以在墙体钻孔穿钢筋，再用植筋胶填满。穿孔钢筋须与加固筋焊牢。

（2）对加套的混凝土或钢筋混凝土加宽部分，其地上应铺设的垫层及其厚度，应与原基础垫层的材料及厚度相同，使加套后的基础与原基础的基底标高相同。

（3）应特别注意不在基础全长或四周挖贯通式地槽，基底不能裸露，以免饱和土从基底挤出，导致不均匀沉降。施工时，应根据当地水文地质条件将条形基础按1.5～2m长度划分成许多区段，然后分段挖出宽1.2～2m、深度达基底的坑。相邻施工段浇注混凝土3天后，才可开挖下一段工段。另外，基坑挖好后应将地基土夯实，并铺设垫层后再浇注新基础混凝土。

（4）为改善墙体和新增基础部分的连接过渡情况，也可在新基础顶面设置地圈梁，如图5-2-2（e）所示。

5.2.3　外增基础——抬梁法

适用范围：各区域的农村住宅基础腐蚀、酥碱、松散和剥落较大，上部结构存在不均匀沉降裂缝和倾斜较大的情况。

定义和目的：抬梁法加大基础底面积，是在原基础两侧挖坑并做新基础，后通过钢筋混凝土梁将墙体荷载部分转移到新做的基础上，从而加大原基础的底面积。

技术特点：新加抬墙梁应设置在原基础上或圈梁下部。这种加固方法具有对原基础扰动较少、设置数量较灵活的特点。

标准与做法：如图5-2-3、图5-2-4所示分别表示了在原基础两侧新增条形基础、独立基础的抬梁以扩大基底面积。先做新增垫层及基础，并在墙体中每隔一定间距设置钢筋混凝土抬梁。

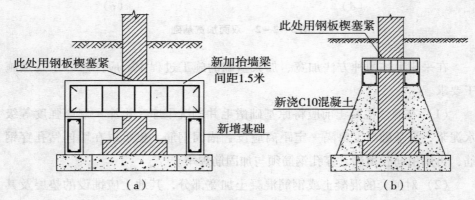

图5-2-3　外增条形基础抬梁扩大基底面积

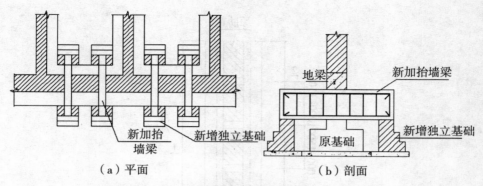

图 5 - 2 - 4　外增独立基础抬梁扩大基底面积

采用抬梁法加大基底面积时，应注意抬梁应避开底层的门、窗和洞口；在抬梁的顶部需要用钢板楔紧，以保证和墙体的紧密连接；对于外增独立基础，可用千斤顶将抬梁顶起，在新增独立基础和抬梁之间打入钢楔，保证紧密连接；如存在地圈梁，应将抬梁设置在地圈梁下部，并紧靠地圈梁，如图 5 - 2 - 4（b）所示。

5.2.4　基础的加厚加固

适用范围：采用钢筋混凝土基础的农村住宅基础腐蚀、酥碱、松散和剥落，上部结构存在不均匀沉降裂缝和倾斜。

定义和目的：这种加固方法是将原基础的肋加高、加宽，以减小基础底板的悬臂长度和降低悬臂弯矩，使原基础的刚度和承载力得到提高。

技术特点及适用情况：对旧房加层设计时的基础加固尤为适宜。

标准与做法：如图 5 - 2 - 5 所示为采用加厚方法对条形基础进行加固的示意图。

5.2.5　墩式加深

适用范围：各区域农村住宅上部结构存在不均匀沉降裂缝和倾斜，以及对地基进行加固。

定义和目的：将原持力层地基土分段挖去，然后浇筑混凝土墩或砌筑砖墩，使原基础支撑到较好的土层上的托换加固方法。

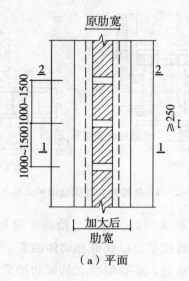

（a）平面

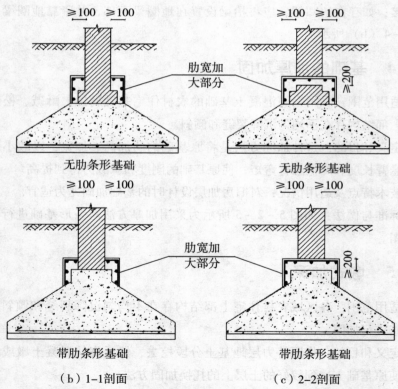

图 5－2－5　用加厚法提高基础的刚度和承载力

技术特点：墩式托换适用于土层易于开挖，开挖深度范围内无地下水，或虽有地下水但采取降低地下水位措施较为方便者，因为它难以解决在地下水位以下开挖后会产生土的流失问题，所以坑深和托换深度一般都不大，既有建筑的基础最好是钢筋混凝土条形基础。此法对软弱地基，特别是膨胀土地基事故的处理，是较为有效的。

标准与做法：

（1）在贴近被托换的基础旁，人工开挖比原基础底面深 1.5m、长 1.2m、宽 0.9m 的导坑。

（2）将导坑横向扩展到原基础下面，如图 5-2-6 所示，并继续下挖至所要求的持力层。

（3）用微膨胀混凝土浇筑基础下的坑体，并注意振捣密实和紧顶原基础底面，若没有膨胀剂，则要求在离原基础底面 80mm 处停止浇筑，待养护 1 天后，再用 1∶1 水泥砂浆填实 80mm 的空隙。

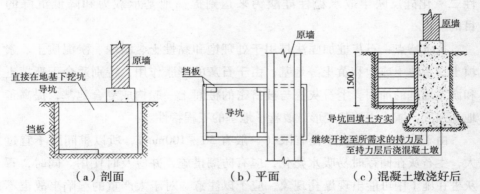

（a）剖面　　　　（b）平面　　　　（c）混凝土墩浇好后

图 5-2-6　墩式加深基础开挖示意图

如此间隔分段地重复上述工序，直至全部加深工作完成为止。墩体可以是截断的，也可以是连续的，具体主要取决于原基础的荷载和地基土承载力。

5.3　地基加固方法

地基加固是另一种改善农村地基基础问题的重要方法，其作用主要是增加原地基的承载能力和抗变形能力，同时还能改善原地基的不均匀性，减少不均匀沉降。地基加固的方法很多，对农村地区以挤密法和灌浆法尤为适用。

但地基加固的方法通常需要使用机械、施工过程相对较复杂，成本较高，因而对农村地区进行地基加固时应优先选用加固材料成本较低，施工工艺相对简单的方法。

5.3.1 常用加固方法

本节内容为目前工程中常用到的，且比较符合农村地区的加固方法。

5.3.1.1 石灰桩加固

适用范围：各区域农村住宅上部结构存在不均匀沉降裂缝和倾斜的情况，以及对地基进行加固。

定义和目的：石灰桩是以生石灰为主要固化剂与粉煤灰或火山灰、炉渣、矿渣、黏土等掺合料按一定比例均匀混合后，通过人工或机械的方法在土中成孔，分层夯实所形成的密实桩体。在基础近旁钻孔并灌入生石灰桩填料，利用生石灰吸水膨胀的特性挤压地基，以及利用消石灰和土中活性二氧化硅反映生成水稳性硅酸钙来达到提高地基承载力和降低沉降的目的。

技术特点：石灰桩加固法是用于处理饱和黏性土、淤泥、淤泥质土、素填土、杂填土或饱和黄土等地基；由于石灰的膨胀作用，特别适合于新填土和淤泥地基的加固。生石灰桩与被挤密的桩间土一起构成复合地基，提高了地基强度，减小了地基变形，改善了地基的工程特性。

由于石灰桩的挤密半径有限（一般有 $50 \sim 100mm$），所以桩间距不宜过大，生石灰在储存时易吸水熟化，应有防潮措施，并应及时使用。同时，石灰桩在施工中可能出现爆孔现象，应予以注意。对于太严重的湿陷事故也不适用。

标准与做法：石灰桩加固工艺如下。

（1）生石灰与掺合料的体积比可选用 $1:1$ 或 $1:2$，对于淤泥、淤泥质土等软土可适当增加生石灰用量。

（2）成孔位置在条形基础两侧，成孔采用打入钢管法或用洛阳铲成孔。孔可稍向墙中心倾斜，使地基下土层得到直接加固。孔径多为 $100 \sim 150mm$，孔距取 $(2.5 \sim 3.0)d$（d 为桩的直径），深度为 $2 \sim 4m$。视加固要求可在基础两侧各布置 $1 \sim 3$ 排，排距为 $(2.0 \sim 2.6)d$，按等边三角形布置（如图 $5-3-1$ 所示）。

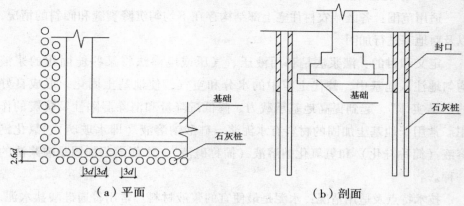

（a）平面　　　　　　　　　　　（b）剖面

图 5 – 3 – 1　石灰桩孔沿基础周边布置

（3）填灰。成孔后，将按一定比例混合后的填料向孔内分层填入，每层厚 200～300mm，用夯锤分层夯实。填灰至基础底标高附近为止。

（4）封孔。基础底下 200mm 以下用含水量适当的黏性土封口，封口材料必须密实，封口标高应略高于原地面。

5.3.1.2　混合桩加固

适用范围：各区域农村住宅上部结构存在不均匀沉降裂缝和倾斜的情况，以及对地基进行加固。

定义和目的：混合桩是指将石灰与砂，石灰与土，石灰与粉煤灰等混合体注入孔内并分层夯实形成桩。

灰土桩是将石灰和土按 2：8 或 3：7 的体积比拌合，灌入孔中并夯实后形成的桩称为灰土。

灰砂桩有两种，一种是将 15%～30% 的细砂掺入石灰中，经拌合后灌孔夯实成桩；另一种为先在直径 160～200mm 的孔内灌入生石灰并压密成桩。2～4 天后，再在原孔位重新打入外径为 100～200mm 的钢管，使周围土进一步挤密。钢管拔出后，向孔内填入细砂和小石子的混合料，分层夯实，形成灰砂桩。它的刚度及承载能力都较石灰桩高，且不会出现石灰软化现象。

技术特点：混合桩能防治石灰软化，提高桩身的刚度及承载能力。

标准与做法：混合桩的施工工艺与上述石灰桩基本相同。

5.3.1.3　水泥灌浆加固

适用范围：各区域农村住宅上部结构存在不均匀沉降裂缝和倾斜的情况，以及对地基进行加固。

定义和目的：灌浆法是利用液压、气压或电渗法将某些能固化的浆液均匀地注入地基中，替代土粒中的水分和空气，使地基土固化，形成良好的"结实体"，起到提高地基承载力、降低沉降量和消除湿陷性及抗震的作用。常用于地基土加固的材料有水泥浆、硅酸钠溶液（即水玻璃）、氯化钙溶液（简称硅化）和氢氧化钠溶液（简称碱液）。水泥灌浆加固是灌浆法的一种。

技术特点及适用情况：水泥是最便宜的浆液材料。常用普通硅酸盐水泥，水泥浆的水灰比一般取 0.8 ~ 1.0。适用于地基土为砂土、粉土、淤泥质土的情况。

标准与做法：根据灌浆工艺的区别，可分为单液水泥灌浆法和双液灌浆法。

1. 单液水泥灌浆法

单液不完全是指纯水泥浆液，而是指用单一的浆液灌浆。水泥浆掺入后，硬凝速度较在混凝土中缓慢。若地下水较多，可在水泥浆中掺入氯化钙、三乙醇胺、水玻璃等速凝剂，掺入量为水泥质量的 1% ~ 2%。

灌浆施工时可采用自上而下孔口封口分段灌浆法，也可采用自下而上栓塞分段灌浆法。孔可稍向基础中心倾斜，使水泥浆能直接渗入地基下的土层中。由于水泥浆浆液的浓度较大，一般只能灌入直径大于 0.2mm 的空隙。灌浆时应使用压浆设备对浆液压入。在有地下水流动的情况下，不应采用单液水泥浆液。

2. 双液水泥硅化灌浆法

双液水泥硅化法是指分别配制水泥浆液和水玻璃浆液，按照一定比例用两台泵或一台双缸独立分开的泵将两种浆液同时注入土中。双浆灌浆的优点是浆液凝固时间的控制较为灵活。若想加快凝固时间，可在水泥浆中加入少量的白灰，若想减缓凝固，则可加入少量的磷酸。

3. 加固措施

（1）在原条形基础下布置压浆孔（如图 5 - 3 - 2 所示），浆孔直径为 73mm 左右，孔距为 1 ~ 2m，深度以穿透持力层为宜。注浆部位在持力层土层内。

（2）注浆用料：纯水泥浆或水泥浆和水玻璃浆混合液，压力控制值 300 千帕。

（3）注浆顺序：先外后内。

（4）压力灌浆工艺流程：钻机就位→下钻至基础垫层→退钻换冲头→锤击至设计深度→安装注浆管→提拔钻管 0.8m 压注浆→提管分层压注浆→填塞留下的孔洞→拔出注浆管。

（5）设备：钻机、注浆泵、注浆管 φ73mm（节孔眼）砂浆搅拌机、穿心锤（100 千克）。

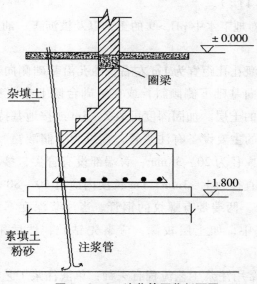

图 5 - 3 - 2　注浆管压浆剖面图

5.3.1.4　硅化加固

适用范围：各区域农村住宅上部结构存在不均匀沉降裂缝和倾斜的情况，以及对地基进行加固。

定义和目的：硅化加固是指利用带孔眼的注浆管将硅酸钠（水玻璃）为主剂的混合溶液灌入土中，使土体固化的一种加固方法，是灌浆法的一种。

技术特点：硅化法加固地基发展至今已有近百年历史。它具有价格低廉、渗入性好和无毒害等优点，对于矫正建筑物倾斜、控制地基变形、提高地基承载力等工程问题具有明显的效果。因此，这种方法至今在建筑工程中仍被广泛地应用。硅化加固根据注入方式可分为无压硅化、压力硅化和电动硅化三种。压力硅化又可分为压力单液硅化和压力双液硅化两种。其适用范围如下：

（1）渗透系数 $k=0.1\sim80$m/昼夜的砂土和黏性土，宜采用压力双液硅化法。双液法是将水玻璃与氯化钙浆液轮流压入土中，将土胶结成整体。

（2）渗透系统 $k\leq0.1$m/昼夜的各类土，均可采用电动双液法。

（3）渗透系数 $k=0.1\sim2$m/昼夜的湿陷性黄土，宜采用无压或压力单液硅化法，即只需将水玻璃注入黄土中。

（4）对粉砂地基土宜采用水玻璃加磷酸钙调和而成的单液。配合比为磷酸：水玻璃 = （3～4）：1。

这里应注意，对地下水中 pH >9 的土，以及被沥青、油脂和石油浸透的土，不宜用硅化法。

标准与做法：灌孔孔距宜为 1m 左右，灌孔沿基础侧向布置，每侧不宜少于 2 排，并使孔向基础下侧倾斜，或在基础台阶上布置穿透基础的灌注孔，以加固基础下的土层。加固深度可取 2～5m 或按地基持力层厚度而定。

硅化加固所用的主要设备有注浆管、接续管、储液箱、水泵或空压机。注浆管采用钢管其内径为 20～38mm，管端部设有管尖，接着是 0.4～1.0m 长的带孔段，孔眼直径为 1～3mm，1m 长度内应有 60～80 个孔眼。接续管应为 1.5～2.0m 长、两端带有螺纹的钢管。当注浆深度不大时，可直接斜向将刚管打入地基中，如土层较深，应事先钻孔，然后采用打入法将管打入。

硅化加固地基常用注浆工艺流程有三种：单液注浆工艺流程：机具设备安装→定位打管（钻）→封孔→配制浆液、注浆→拔管→管子冲洗、填孔→辅助工作；双液注浆工艺流程：机具设备安装→定位打管（钻）→封孔→配甲液、注浆→冲管→配乙液、注浆→拔管→管子冲洗、填孔→辅助工作；加气硅化工艺流程：机具设备安装→定位打管（钻）→封孔→加气→配浆、注浆→加气→拔管→管子冲洗、填孔→辅助工作。

施工注意事项包括：

（1）注浆时，如发现地面冒浆，应及时处理，如是因上覆压力不够引起的冒浆，可在增加上覆压力的同时，加大封孔深度和封孔面积。如由于裂缝或封孔质量不符合要求而引起冒浆，可先降低注浆压力，然后增加二氧化碳与水玻璃的循环次数或另行封孔。

（2）硅化地基检测，对砂立和黄土应在施工完毕 15 日后进行，黏性土应在 60 天以后进行。整个过程应做好各项记录。

（3）硅化注浆必须坚持压力回零再拆活接头或管路丝扣套接头，以防浆液喷出损伤眼睛。

（4）操作人员应穿戴防护用品，非操作人员不得靠近注浆地点。

5.3.1.5　碱液加固

适用范围：各区域农村住宅上部结构存在不均匀沉降或湿陷性引起裂缝和倾斜的情况。

定义和目的：碱液加固是灌浆法加固的一种。

技术特点：碱液（即氢氧化钠溶液）加固法适用于湿陷性黄土地基的事故处理，具有施工简单、易于掌握、不需复杂机具、加固效果好等优点。

标准与做法：

（1）确定灌注孔的平面位置。对于独立基础宜在四周设孔，条形基础则在两侧各布置 1 排。若要使相邻两孔固体重合连成整体，孔中距取 700 ~ 800mm。

（2）钻孔。用直径 60 ~ 80mm 的洛阳铲打孔至预定加固深度，加固深度可取 2 ~ 5m，孔可竖向也可稍向基础中心倾斜。

（3）埋管。先在空内填入粒径 20 ~ 40mm 的小石子至灌浆管下端标高处（在基础以下 0.3 ~ 0.5mm 处），然后插入直径为 20mm 的开口钢管，再在管子四周填充厚约 200 ~ 300mm，粒径小于 10mm 的沙砾石，其上用灰土或素土分层捣实至地表。

（4）灌浆。用直径 25mm 的胶皮管连接灌浆管和溶液桶，然后将碱液加温至 95℃ 以后开启阀门，溶液就会以自流方式注入土中。灌浆速度宜控制在 1 ~ 3 升/分左右。溶液浓度一般在 80 ~ 120 克/升，每孔耗用固体烧碱约 40 ~ 50 千克。灌浆时应采取跳孔灌液并分段施工，相邻两孔灌注时间间隔不少于 3 天。

5.3.1.6　碱灰混合法

适用范围：各区域农村住宅上部结构存在不均匀沉降裂缝和倾斜的情况，以及对地基进行加固。

定义和目的：碱灰混合法是前述的石灰桩加固与碱液加固结合起来的一

种新的加固方法，它具有减少附加下沉、增大加固半径、节约烧碱用量和降低造价等优点。

技术特点及适用情况：石灰吸入碱液中的部分水分，减小了在灌注碱液时因地基湿陷带来的基础附加下沉。石灰发出的热量促进了碱液与黄土颗粒间的硬化反应，提前了早期强度。因石灰的挤密等作用，减小了灌浆量，节省了费用，地基受石灰膨胀挤密及凝胶加固双重左右，加固体强度得到了提高。

标准与做法：

石灰桩的直径一般为150~200mm，可用洛阳铲或锤击钢管成孔，孔深与碱液灌注孔相同。成孔后，在孔中分层填入粒径为20~50mm的生石灰块和掺合料，每层虚铺30mm，用夯锤（锤重150~200牛）夯实，每层夯击10~15次，落距一般大于500mm。石灰块和掺合料夯填到基础底面标高处，而后用2:8灰土夯填封顶，其厚度不小于1m。当基础埋深较小时，不小于800mm。生石灰块中不得夹杂有未烧透的石灰石和煤块，也不得使用粉状灰（面灰）。

桩孔布置方法是在每一个碱液孔周围布置3~4个石灰桩；石灰桩与碱液孔间的距离≤500mm；加固工序为：先夯填石灰，后灌注碱液，但两者间隔时间不超过4小时。

5.3.2 麦秸秆石灰桩和灰土桩加固法

本节所述加固方法，是在现有地基基础加固处理方法基础上，考虑施工简便、费用低廉而提出的条形基础两侧设置麦秸秆石灰桩和灰土桩加固地基的加固方法。并且通过室内模型试验进行验证，取得较好的效果。

5.3.2.1 麦秸秆石灰桩加固法

基础两侧加固比其他方法简单、方便。J. N. Mandal和V. R. Manjuath做了条形基础两侧竖向加筋砂土地基室内模型试验，研究发现在条形基础两侧加筋可以明显提高地基承载力，减小基础的沉降量，并且这种方法在加固既有建筑方面较容易实现。对于经济不发达的村镇，选用钢筋或钢筋混凝土桩作为加筋体都超过了农民的承担水平。选择一种价格便宜、易得的加筋材料是解决既有村镇建筑地基基础加固问题的关键。2007年天津城建学院的柴寿喜教授成功研究出麦秸秆耐腐蚀技术，并将防腐处理后的麦秸秆作为加筋材料引入加筋土技术领域中。综合参考上述两种方法资料，将两种方法结合应用，将防腐处理后的麦秸秆作为加筋材料，以桩体的形式布置在条形基础两侧对既有村镇建筑地基基础进行加固，探索适用于村镇既有村镇房屋地基基础的加固技术。

适用范围：各区域农村住宅上部结构存在不均匀沉降裂缝和倾斜的情况，以及对地基进行加固。

1. 麦秸秆石灰桩基础两侧加固法所需材料及配比

麦秸秆石灰桩材料包括：

（1）麦秸秆：需浸泡在清漆或其他防腐材料若干天，拿出风干后即可使用，长度宜为10mm。

（2）石灰：采用生石灰、熟石灰均可，三级石灰标准以上均可。

（3）天然黏土：当地天然黏土，有条件的地区可以采用通过击实试验确定最佳干密度和最优含水量的土。

（4）配比：桩身材料的配比按质量计，麦秸秆0.25%、石灰8%，其余为土。

（5）桩体材料用量：单桩灌入量按下式计算：

$$m_z = \frac{\rho_d}{1-\omega} \frac{\pi d^2}{4} l$$

式中：m_z 为模型桩单桩灌入质量（g）；ρ_d 为模型桩桩体控制干密度，1.7g/cm^3；ω 为模型桩桩体控制含水率，22.0%；d 为模型桩桩径；l 为模型桩桩长。

求得的 m_z 乘以充盈系数1.6，得到单桩灌入质量估计值。

2. 桩体尺寸及布置

桩体边缘距基础边缘20cm。

桩径：桩径15cm。可依据各地区情况上下浮动。

桩距：桩沿基础两侧均匀等间隔布置：单排布置时，取5倍到7倍桩径，随着桩距增大，加固效果降低；双排布置时，取10倍桩径，排距为1.3m，等边三角形布置。5倍桩距，单排布置时加固效果最好。

桩长：不小于基础底面宽度的2倍。

具体桩体布置如图5-3-3、图5-3-4所示。

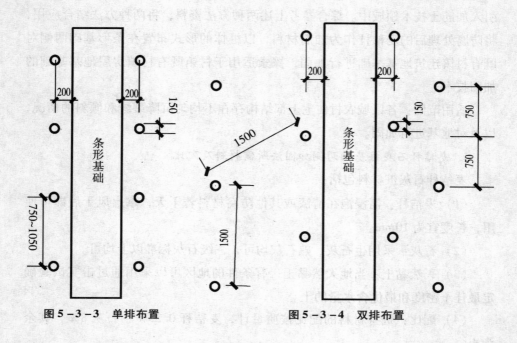

图 5 - 3 - 3　单排布置　　　　　　　图 5 - 3 - 4　双排布置

3. 麦秸秆石灰桩基础两侧加固法施工方法

根据加固设计要求、土质条件、现场条件和机具供应情况，可采用锤击成桩法、螺旋钻成桩法或洛阳铲成桩法等工艺。采用锤击成桩法时，应注意控制单击的锤击能，以免引起土体隆起破坏基础，并应控制每次的填料量；螺旋钻成桩法时，正转时将部分土带出地面，部分土挤入桩孔壁而成孔。钻杆达到设计标高后，提钻检验成孔质量，清理孔壁。把整根桩所需的填料按比例分层填土孔内，再将钻杆沉入孔底，钻杆反转，叶片将填料边搅拌边压入孔底。钻杆被压密的填料逐渐顶起，钻尖升至离地面 0.5m 或预定标高后停止填料，用素土或三七灰土封顶。洛阳铲成桩法适用于施工场地狭窄的地基基础加固，每层回填料应按比例分层填入，用杆状重锤分层夯实。封孔方式同螺旋钻成桩法。桩的垂直度偏差不应大于 1.5%，桩位中心点的偏差不应超过桩距设计值的 8%。

此种加固方法是通过调研相关资料，并以室内模型试验进行验证提出的。

4. 麦秸秆石灰桩础两侧加固的加固机理

（1）成孔挤密作用

主要是在成桩过程中对桩间土有挤密，改变桩间土的物理力学性能，从而提高地基土的承载力。

（2）约束作用

约束作用是麦秸秆石灰桩条形基础两侧布置加固机理的主导因素。地基在受压过程中会将一部分地基土向外侧挤出，通过桩与地基土的摩擦可以限制桩身内侧的土体向桩外侧移动，就像把地基土限制在一个容器中，使地基变形主要是使局部土体压缩，只有在局部空间内土的剪力超过桩土摩擦阻力的时候，才能将土挤到桩外侧区域，改变地基土正常的破坏面而形成发展，其约束作用主要取决于桩身的抗剪强度。通过在条形基础两侧布置麦秸秆石灰桩来限制应力向桩外侧扩散，使得一部分荷载传递到更深的土层，从而减小了地基沉降量，地基承载力也得到了提高。

（3）阻隔作用

麦秸秆石灰桩相对于地基土具有较高的刚度以及抗剪强度，当桩穿过地基固有的滑动圆弧时就能够阻止地基破坏弧面正常出现，阻断破坏面的形成，改变地基的破坏形式，推迟地基破坏，从而提高地基的承载力。

（4）麦秸秆提高桩的抗拉、抗剪强度

土具有很强的抗压性能，但抗拉性能较差，通过在土中掺入少量抗拉性能相对较好的麦秸秆（麦秸秆含量太高会在土中形成薄弱层），提高土体的抗拉、抗剪强度。经过防腐处理后的麦秸秆吸水量明显减小，抗拉强度增大。

（5）石灰在土中胶凝、离子交换和碳化作用

生石灰的主要成分为 CaO，当把生石灰掺入土中后，CaO 会与土中的水反生化学反应，消解为熟石灰 [$Ca(OH)_2$]，而 $Ca(OH)_2$ 在水中的溶解度与温度成反比，$Ca(OH)_2$ 饱和后会产生沉淀，逐渐形成胶体。但这种胶体并不稳定，它经过再结晶后构成具有较高强度的合成结晶体。生石灰水化过程中会使土显强碱性，在这种环境下黏土矿物及胶体状态 SiO_2、Al_2O_3 发生反应生成 $CaO-SiO_2-H_2O$ 系列的硅酸石灰水化物及 $CaO-SiO_2-H_2O$ 系列的铝酸石灰水化物。这两种水化物与黏土颗粒结合后会提高复合土的强度。在 CaO 与水反应过程中，生石灰中的钙离子与黏土矿物中的钠离子、钾离子、氢离子等交换，在桩的周围形成一圈硬壳。同时，空气 CO_2 会与桩周围的 $Ca(OH)_2$ 反应生成 $CaCO_3$，$CaCO_3$ 结晶后又会和 $Ca(OH)_2$ 结晶结合，构成 $CaCO_3$　$Ca(OH)_2$ 合成结晶体，这种碳化作用会使桩周围形成一

层硬壳层。胶凝、离子交换和碳化的共同作用会使桩周围形成一定厚度的硬壳层。

5.3.2.2 灰土桩基础两侧加固法

在地基土中，采用人工或机械成孔，并在孔内填入生石灰或加入掺合料如粉煤灰、炉渣、细砂等填料，经夯实形成的桩体，称为石灰桩。以石灰和土按一定配比作为桩体材料的称为灰土桩，它是石灰桩的一种。灰土桩与桩间土共同作用，形成灰土桩复合地基，提高地基承载力，成为一种地基处理方法。我国对石灰桩的应用和研究主要开始于 20 世纪 50 年代，鉴于石灰桩在我国应用较为广泛，同时，在既有建筑地基基础加固时，若采取在基础下方加固土体，一般需要破坏原基础或开挖基础下方土体，所需机械设备较多且工程量大，费用较高。因而提出把灰土桩布置在基础两侧，对地基进行加固的方法，简称灰土桩基础两侧加固法。

适用范围：各区域农村住宅上部结构存在不均匀沉降裂缝和倾斜的情况，以及对地基进行加固。

1. 灰土桩基础两侧加固法所需材料及配比

灰土桩材料包括：

（1）石灰：采用生石灰、熟石灰均可，三级石灰标准以上均可。

（2）天然黏土：当地天然黏土，有条件的地区可以采用通过击实试验确定最佳干密度和最优含水量的土。

（3）配比：桩身材料的配比按质量计，灰土桩的生石灰与土的配合比为 3∶7（干灰质量比）。

（4）桩体材料用量：单桩灌入量按下式计算：

$$m_z = \frac{\rho_d}{1-\omega} \frac{\pi d^2}{4} l$$

式中：m_z 为模型桩单桩灌入质量（g）；ρ_d 为模型桩桩体控制干密度，1.7 g/cm^3；ω 为模型桩桩体控制含水率，22.0%；d 为模型桩桩径；l 为模型桩桩长。

求得的 m_z 乘以充盈系数 1.6。

2. 桩体尺寸及布置

见麦秸秆石灰桩相关内容。

3. 灰土桩基础两侧加固法施工方法

见麦秸秆石灰桩相关内容。

4. 灰土桩条形基础两侧加固地基基础的加固机理

既有村镇房屋条形基础两侧设置双灰桩或灰土桩加固地基的示意图如图 5-3-5所示，其加固机理主要概括为以下几个方面。

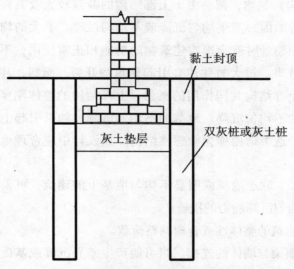

图 5-3-5　灰土桩加固地基示意图

（1）挤密作用：双灰桩加固地基土的挤密作用包括两个方面：一方面是成桩过程中冲孔和夯实填料所产生的对周围土体的挤密作用；另一方面是桩体材料中的生石灰在成桩后吸水膨胀对周围土体的挤密作用。

（2）吸水、升温降低含水量：灰土桩桩体材料中的生石灰吸收周围水分生成氢氧化钙并放出大量热量，从而降低了灰土桩周围土体的含水量。

（3）胶凝、离子交换和碳化作用。

（4）置换作用：强度较高的灰土桩和桩间土共同作用形成复合地基共同承担上部荷载，降低沉降量，提高地基承载力。

（5）约束基底下方地基土的侧向挤出变形：约束基底下方地基土的侧向变形是指在基础两侧设置强度较高的桩体后，抗剪强度较高的桩体应该会对基底下方土体的侧向变形有较大的侧向约束，限制土体的挤出变形，从而提高地基承载力，起到加固地基的目的。

5.4　提高上部结构抵抗不均匀沉降能力的措施

任何建（构）筑物，都会由于上部结构的荷载较大及其差异、或地基的软弱与不均匀等原因，产生均匀沉降或不均匀沉降。不大的均匀沉降一般不致带来损害，但超量时就会影响建筑物的功能和正常使用；不均匀沉降则可能造成较大的危害，过大时往往会引起建筑物开裂、倾斜，甚至破坏。根据地基、基础与上部结构共同作用的概念，上部结构的整体刚度很大时，能调整和改善地基的不均匀沉降。地基的不均匀沉降，如果引起上部结构产生很大的附加应力，这类结构称为敏感性结构。在设计中应合理地增加上部结构的刚度和强度。

对液化地基、软土地基或明显不均匀地基上的建筑，可采取下列提高上部结构抵抗不均匀沉降能力的措施：

（1）提高建筑的整体性或合理调整荷载。

（2）加强圈梁与墙体的连接。当可能产生差异沉降或基础埋深不同且未按 1/2 的比例过渡时，应局部加强圈梁。

（3）用钢筋网砂浆面层等加固砌体墙体。

5.4.1　提高房屋的整体性

提高房屋的整体性可以有效提高房屋抵抗不均匀沉降的能力，主要方法包括：增设地圈梁和修复裂缝。

5.4.1.1　增设地圈梁

因目前村镇房屋的基础通常为条形基础，所以增设地圈梁法适用于砌体结构、生土结构和木结构房屋。地圈梁可以有效地增加条形基础的刚度，以达到抵抗不均匀沉降的目的。增设地圈梁法适合于基础及上部结构有较大裂缝的情况。

当房屋的整体性较差，或基础及上部结构出现较大裂缝时，可以在房屋条形基础一侧或两侧增设钢筋混凝土地圈梁进行加固。每隔 1.5 ~ 1.8m 应有牛腿（或螺栓、锚固件等）伸进墙内与墙拉结好，并承受地圈梁自重。浇筑地圈梁时应将墙面凿毛、湿水，以加强黏结。具体做法如图 5 - 4 - 1 所示。

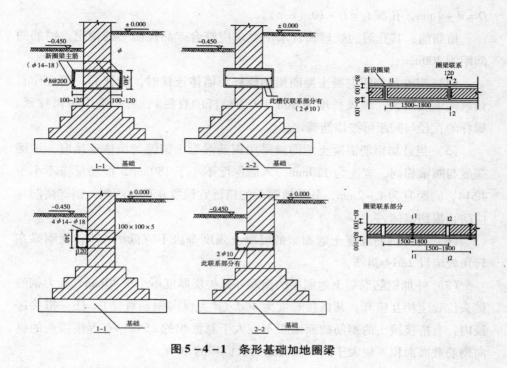

图 5 – 4 – 1 条形基础加地圈梁

（1）外墙基础增设的地圈梁应采用现浇钢筋混凝土外加地圈梁。埋设位置在室外地坪以下，放脚基础以上，地圈梁下表面也可以紧靠放脚基础上表面。

（2）外加钢筋混凝土地圈梁的截面尺寸可采用 120mm × 240mm（垂直墙面尺寸 × 平行墙面尺寸），配筋不得小于 $4\phi14 \sim 4\phi18$；箍筋一般用 $\phi8@150 \sim 180$；当地圈梁与外加柱相连接时，在柱边两侧各 500mm 长度区段内，箍筋间距应加密至 $\phi8@100$。

（3）外加钢筋混凝土地圈梁与砌体墙的连接，也可选用锚固型结构胶或聚合物砂浆锚筋，亦可选用化学锚栓或钢筋混凝土销键。

锚筋仅适用于实心砖砌体与外加钢筋混凝土地圈梁之间的连接，且原砌体砖的强度等级不得低于 MU7.5，原砂浆的强度等级不应低于 M2.5。

锚筋的直径（d）不应小于 $\phi14$；当锚筋的根部有弯钩，且弯钩长度不小于 $2.5d$ 时，锚筋埋深可取 $L_s \geqslant 10d$，且不小于 120mm。当锚筋采用锚固型结构胶植筋，且根部无弯钩时，应取 $L_s \geqslant 15d$。锚筋孔应采用电钻成孔，孔径

$D=d+4\mathrm{mm}$，孔深 $l_d = l_s + 10$（mm）。

植筋前，其孔洞的处理和含水率要求应符合产品说明书的规定。锚筋的间距为300mm。

（4）当外加钢筋混凝土地圈梁用螺杆与墙体连接时，螺杆的一端应作直角弯钩埋入圈梁，埋入长度为 $30d$（d 为锚杆的直径），另一端用螺帽拧紧。螺杆的直径与间距可按锚筋确定。

（5）当外加钢筋混凝土地圈梁采用钢筋混凝土销键与墙体连接时，销键高度与圈梁相同，宽度为120mm，入墙深度不小于180mm，配筋量应不小于 $4\phi14$，间距宜为 $1\sim2\mathrm{mm}$，外墙地圈梁的销键宜设置在孔口两侧，销键凿洞时应防止损伤墙体。

（6）外加钢筋混凝土地圈梁的混凝土强度等级不应低于C20，地圈梁在转角处应设 $2\phi14$ 斜筋。

（7）外加钢筋混凝土地圈梁的钢筋外保护层厚度不小于40mm，受力钢筋接头位置应相互错开，其搭接长度为 $40d$（d 为纵向钢筋直径）。任一搭接区段内，有搭接接头的钢筋截面面积不应大于总面积的25%；有焊接接头的纵向钢筋截面面积不应大于同一截面钢筋总面积的50%。

（8）设置外地加圈梁的外墙体，其饰面层及酥碱表面应凿掉；并按加固的要求进行修补。

5.4.1.2 修复裂缝

修复裂缝的方法可以提高房屋整体性，但程度较小，仅适用于基础及上部结构裂缝宽度很小的情况，包括裂缝数量较多但宽度较小的情况。

1. 注浆法

注浆法适用于条形基础块材间存在缝隙或基础及上部结构存在裂缝且裂缝较小的情况。注浆的材料有无收缩水泥基灌浆料、环氧基灌浆料等。由于该种方法对提高整体性的效果并不显著，所以不适用于房屋有较大沉降裂缝的房屋。

注浆工艺应按下列框图规定的流程进行（图5－4－2）。

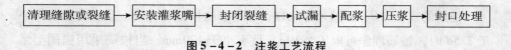

图5－4－2　注浆工艺流程

施工操作要点有：

（1）清理缝隙或裂缝

基础缝隙或裂缝两侧不少于 100mm 范围内的抹灰层剔凿掉，油污、浮尘清除干净；用钢丝刷、毛刷等工具，清除裂缝表面的灰尘、白灰、浮渣及松软层等污物；用高压气尽量清除缝隙中的颗粒和灰尘。

（2）灌浆嘴安装

①灌浆嘴位置。当缝隙或裂缝宽度在 2mm 以内时，灌浆嘴间距可取 200～250mm；当裂缝宽度在 2～5mm 时，可取 350mm；当裂缝宽度大于 5mm 时，可取 450mm，且应设在裂缝端部和裂缝较大处。

②钻孔。按标准位置钻深度 30～40mm 的孔眼，孔径宜略大于灌浆嘴的外径。钻好后应清除孔中的粉屑。

③固定灌浆嘴。在孔眼用水冲洗干净后，先涂刷一道水泥浆，然后用 M10 的水泥砂浆或环氧树脂砂浆将灌浆嘴固定，缝隙、裂缝较细或基础厚超过 240mm 时基础应两侧均安放灌浆嘴。

（3）封闭裂缝

在已清理干净的裂缝两侧，先用水浇湿基础表面，再用纯水泥浆涂刷一道，然后用 M10 水泥砂浆封闭，封闭宽度约为 200mm。

（4）试漏

待水泥砂浆达到一定强度后，应进行压气试漏。对封闭不严的漏气处应进行修补。

（5）配浆

根据浆液的凝固时间及进浆强度，确定每次配浆数量。浆液稠度过大或者出现初凝情况时，应停止使用。

（6）压浆

①压浆前应先灌水，此时空气压缩机的压力控制在 0.2～0.3 兆帕。

②然后将配好的浆液倒入储浆罐，打开喷枪阀门灌浆，直至邻近灌浆嘴（或排气嘴）溢浆为止。

③压浆顺序应自下而上，边灌边用塞子堵住已灌浆的嘴儿，灌浆完毕且已初凝后，即可拆除灌浆嘴，并用砂浆抹平孔眼。

在压浆时应严格控制压力，防止损坏边角部位和小截面的砌体，必要时应作临时性支护。

2. 置换法

置换法适用于基础局部风化、剥蚀或局部有较大裂缝的情况。如图5-4-3所示。置换用的块体材料宜采用原基础块材。置换法施工应满足以下要求：

（1）挖除基础两边土体。

（2）把需要置换部分及周边基础表面清除干净，然后沿着基础灰缝将被置换块材凿掉。在凿打过程中，应避免扰动不置换部位的基础。

（3）仔细把粘在基础上的砂浆剔除干净，清除浮尘后充分润湿基础。

（4）修复过程中应保证填补材料与原基础材料可靠嵌固。

（5）待修复部位凝固后再回填土。

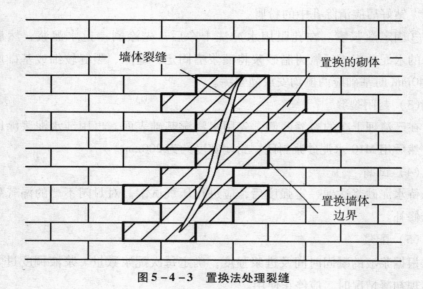

图5-4-3　置换法处理裂缝

5.4.2　外加钢筋网片水泥砂浆面层加固法

外加钢筋网片水泥砂浆面层加固法适用于村镇砌体结构基础或墙体部分裂缝较大的情况。外加钢筋网片水泥砂浆面层加固法适用于各类砌体墙加固，但块材严重风化（酥碱）的砌体不应采用此方法。

该方法是将需要加固的砖墙表面除去粉刷层后，两面附设 $\phi 4 \sim \phi 6$ 的钢筋网片（或钢丝网片 $\phi 1 \sim 2@20 \sim 30$），然后抹水泥砂浆的加固方法（如图5-4-4所示）。

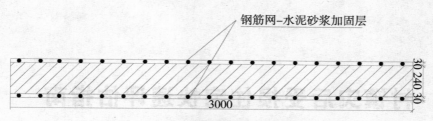

图 5 – 4 – 4　钢筋网水泥砂浆加固砖墙

　　具体做法是：首先必须将原有砖墙的面层清除，用钢刷清洗干净，绑扎钢筋网，钢筋网的钢筋直径为 4mm 或 6mm，间距 100～200mm。双面加面层采用 $\phi6$ 的 S 形穿墙筋连接，间距宜为 900mm，并且呈梅花状布置。单面加面层的采用 $\phi6$ 的 L 形锚筋以凿洞填 M10 水泥砂浆锚固，孔洞尺寸为 60 × 60mm，深 120～180mm，锚筋间距 600mm，梅花状布置。再将原砖墙充分喷湿，再涂界面黏合剂，最后分层抹上 35mm 厚水泥砂浆，砂浆强度应不小于 M10。钢筋网砂浆面层应深入地下，埋深不少于 500mm，地下部分厚度扩大为 150～200mm。空斗墙宜双面配筋加固，锚筋应设在眠砖与斗砖交接灰缝中。

6 村镇灾后受损住宅快速评估指南

本指南提出的村镇建筑在地震、风暴作用下受损房屋的快速评估技术，仅适用于村镇一、二层低造价房屋，包括砌体房屋、木构架房屋、生土房屋和石砌体房屋。

1. 灾后快速评估的目的、意义

（1）排除险情，避免造成二次人员伤亡。

（2）划分建筑灾害程度，对处在基本完好和轻微破坏的房屋即时利用，减少室外露宿人数，减轻受灾群众生活疾苦，有利于灾区社会治安和环境卫生管理，避免发生传染性疾病等地震次生灾害。

（3）建筑灾害现场快速评估是灾后恢复重建的一项必不可少的前期工作，划分建筑灾害程度，明确恢复重建（加固）的数量和规模，为政府决策提供依据。

（4）地震、风暴灾区是天然的建筑灾害博物馆，参加快速评估的工程技术人员不仅能够获得强烈的感性认识，更有利于总结经验、汲取教训，提高业务水平，为防灾研究积累第一手资料。

2. 建筑灾害程度现场快速评估依据

建设部令第 148 号《房屋建筑工程抗震设防管理规定》第十七条规定："破坏性地震发生后，当地人民政府建设主管部门应当组织对受损房屋建筑工程抗震性能的应急评估，并提出恢复重建方案。"

6.1 受损住宅快速评估基本要求

6.1.1 受损住宅快速评估内容

（1）房屋受损状况调查，包括确认房屋的结构类型、用途，地基与基础、承重与非承重构件、屋架、屋面等受损情况。

受损房屋快速评估时，首先应进行房屋现状调查，确认房屋的结构类型、用途，检查地基与基础有无震害；检查承重构件的破坏情况，承重构件包括承重墙体、木构架等构件；检查非承重构件如围护墙、隔墙、出屋面小烟囱、女儿墙以及门脸等装饰部位的破坏情况；检查屋架、屋面受损情况等。

（2）破坏等级评定，根据各类房屋的结构特点、受损部位、受损程度等状况，判断主要破坏原因，判定房屋的破坏等级。

查看结构体系是否明确，结构布置是否得当；受损部位是主体结构构件还是非结构构件；受损程度包括损坏的严重程度和损坏部位数量两项内容；破坏等级包括：基本完好，轻微破坏，中等破坏，严重破坏和倒塌 5 个等级。

（3）房屋可修（加固）评定，根据判定的房屋破坏等级，给出房屋可修、加固、拆除的处理意见和建议。

可修、加固或拆除是受损房屋评估后的三种处理方案，与破坏程度有着紧密的对应关系：可修对应于基本完好和轻微破坏；加固对应于中等破坏；拆除对应于严重破坏与倒塌（包括局部倒塌和全部倒塌）。

6.1.2 受损住宅快速评估原则

（1）不同结构类型房屋，其受损评估检查的重点、检查的内容和要求不同，应采用不同的评估方法。

（2）对重要部位和一般部位，应按不同的要求进行检查和评估。

重要部位指影响该类建筑结构整体抗震、抗风性能的关键部位，这些部位的受损程度直接影响破坏程度的判定，进而影响可修、加固和拆除等处理措施的结论。

（3）对房屋抗震、抗风性能有整体影响的构件和仅有局部影响的构件，在评估时应分别对待。

6.1.3 受损住宅快速评估的基本要求

（1）检查房屋地基与基础的损坏情况，主要查看房屋墙体是否有因不均匀沉陷或隆起产生的裂缝，并查明裂缝的宽度和上下错动的幅值；有无地裂缝穿过基础，因地裂缝导致上部墙体裂缝的宽度等。

（2）检查结构体系的损坏情况，查明主体结构特别是承重构件、抗侧力构件的损坏程度和损坏的数量。

（3）检查非结构构件的损坏情况，查明围护墙、隔墙、出屋面小烟囱、女儿墙以及门脸等装饰部位的破坏情况和数量。

（4）检查屋盖构件的破坏情况，查明屋盖系统中的屋架、檩条、龙骨、椽子、屋面瓦等的破坏程度和破坏数量。

（5）判断破坏的主要原因，确定破坏程度等级。

（6）提出可修、加固、拆除的结论性意见或建议。

（7）"外加配筋砂浆带"、"外加角钢带"、"钢丝网水泥砂浆面层"的加固设计与施工详见8.6。

6.2　砌体结构房屋受损快速评估

6.2.1　适用范围

本节适用于烧结普通砖、烧结多孔砖、混凝土小型空心砌块、蒸压灰砂砖和蒸压粉煤灰砖等砌体承重的一、二层木楼（屋）或冷轧带肋钢筋预应力圆孔板楼（屋）盖房屋，包括实砌墙体承重房屋和空斗砖墙承重房屋。

需要说明的是，本书中"烧结普通砖、烧结多孔砖、混凝土小型空心砌块、蒸压灰砂砖和蒸压粉煤灰砖"，以下分别简称为"普通砖、多孔砖、小砌块、蒸压砖"；"砖墙、砖砌体"泛指上述各种砖或砌块砌筑墙体的统称；"实心砖墙"、"空斗墙"分别指采用烧结普通砖砌筑的实心砖墙体和空斗墙体；"多孔砖墙"指采用烧结多孔砖砌筑的墙体；"小砌块墙"指采用混凝土小型空心砌块砌筑的墙体，小砌块的规格应为390mm×190mm×190mm，孔洞率不应大于35%；"蒸压砖墙"指采用蒸压灰砂砖或蒸压粉煤灰砖砌筑的实心墙体。

6.2.2　快速评估

（1）快速评估时，主要检查房屋的下列部位或构件：

①房屋地基与基础。查看房屋散水是否有不均匀沉陷或隆起，有无地裂缝穿过基础；当墙体因地基局部沉陷、隆起或地裂缝产生开裂时，测量墙体裂缝的水平宽度和竖向错动的幅值；查看房屋有无整体倾斜或局部墙体倾斜。

②房屋主体结构。检查房屋墙体是否出现裂缝，当出现裂缝时，检查有裂缝墙体的数量，并测量墙体的裂缝宽度、延伸长度，检查有无外闪等现象。

③非结构构件。检查隔墙、女儿墙的开裂情况，当有裂缝时，检查有裂缝墙体的数量，并测量墙体的裂缝宽度、延伸长度，检查有无外闪等现象；查看出屋面小烟囱、门脸等装饰部位的损坏情况和数量。

④屋盖系统。检查屋盖系统中的屋架、檩条（龙骨）、椽子等构件是否有塌落、拔出、断裂等破坏现象，并记录损坏数量；检查屋面瓦是否有溜瓦现象，测量并记录溜瓦面积占屋盖面积的比例。

⑤混凝土楼屋盖。检查混凝土预制楼、屋盖的开裂情况，测量裂缝宽度。

（2）房屋构件有下列情况之一者，应判断房屋属于破坏形态：

①基础与墙体有因局部沉陷、隆起或地裂缝产生的裂缝；

②承重墙体有裂缝，有外闪现象；

③隔墙、女儿墙有裂缝，有外闪现象；

④屋盖系统中的屋架、檩条（龙骨）、椽子等构件有塌落、拔出、断裂现象，屋面瓦有溜瓦现象。

村镇砌体房屋的墙体（包括承重墙和非承重墙）主要是砖、砌块等砌筑墙体。房屋的破坏形态主要是墙体开裂，楼（屋）盖系统中的龙骨或檩条脱开坠落等。因此，本章要求快速评估时，除了检查地基和基础的震害外，主要检查房屋墙体的破坏情况。当房屋墙体有裂缝或倾斜现象，屋盖系统有破坏情况时，应判断房屋属破坏形态。

（3）房屋的破坏状态，应按下列情况分级：

①基本完好：承重墙体或砖柱完好；屋面溜瓦；非承重墙体轻微裂缝；附属构件有不同程度破坏。

②轻微破坏：承重墙体或砖柱基本完好或部分轻微裂缝；非承重墙体多数轻微裂缝，个别明显裂缝；山墙轻微外闪或掉砖；附属构件严重裂缝或塌落。

③中等破坏：承重墙体或砖柱多数轻微破坏或部分明显破坏；个别屋面构件塌落；非承重墙体明显破坏。

④严重破坏：承重墙体或砖柱多数明显破坏或部分严重破坏；承重屋架或檩条断落引起部分屋面塌落；非承重墙体多数严重裂缝或倒塌。

⑤倒塌：承重墙体或砖柱多数严重破坏或倒塌，屋面塌落。

房屋破坏状态的分级是根据建设部《建筑地震破坏等级划分标准》（90）建抗字第 377 号文件和村镇房屋不同结构类型划分的，共分为基本完好，轻微破坏，中等破坏，严重破坏和倒塌 5 个破坏等级，并对应每个破坏等级定义了承重构件和非承重构件破坏的破坏程度和数量。其中，破坏数量中的个别是指 5% 以下，部分是指 30% 以下，多数是指超过 50%。本书采用了"大多数"一词，是指超过 70%。

6.2.3 可修（加固）评定

（1）砌体承重房屋的可修（加固）评定，当符合下列要求时，宜评定为可修（加固）：

①少数纵横墙连接处出现通长的竖向裂缝；

②砖砌实心墙体承重房屋，大多数墙体裂缝宽度不大于 5mm；

③砖砌实心墙体裂缝竖向错动幅值不大于 15mm，且水平宽度不大于 5mm；

④砖砌空斗墙体和小砌块墙体承重房屋，大多数墙体裂缝宽度不大于 3mm；

⑤砖砌空斗墙体和小砌块墙体裂缝竖向错动幅值不大于 8mm，且裂缝水平宽度不大于 3mm。

国家标准《民用建筑可靠性鉴定标准》GB 50292 - 1999 第 4.4.6 条对砌体结构房屋承重墙体的规定：当砌体结构纵横墙连接处出现通长的竖向裂缝；墙身裂缝严重，且最大裂缝宽度已大于 5mm 或裂缝已显著影响结构整体性时，裂缝的墙体应视为不适于继续承载的墙体。

因此，要求砌体承重房屋的可修评定指标是：房屋中只有少数纵横墙连接处出现通长的竖向裂缝；大多数砖砌实心墙体或生土实心墙体裂缝宽度不大于 5mm；大多数砖砌空斗墙体和小砌块墙体的裂缝宽度不大于 3mm。对于墙体裂缝的竖向错动幅值，实心墙体不大于 15mm，是取《建筑地基基础设计规范》地基允许变形的最大值；空斗墙体和小砌块墙体不大于 8mm，主要考虑空斗墙体和小砌块墙体竖向错动幅值不宜超过一个灰缝的厚度。

在墙体厚度和砂浆强度相同的情况下，砖砌空斗墙体和小砌块墙体的抗侧力能力远小于砖砌实心墙体，砖砌空斗墙体和小砌块墙体的稳定性和整体性都较砖砌实心墙体差，并且空斗墙体和小砌块墙体的可修复与可加固性能也较差。因此，空斗墙体和小砌块墙体的裂缝宽度要求和竖向错动幅值要求较实心墙体严格。

至于隔墙、女儿墙等非承重墙体，以及出屋面小烟囱、门脸饰物等非结构构件，无论其破坏程度如何，都是可以修复或重新恢复的。

（2）木屋盖系统可修（加固）评定，当符合下列要求时，宜评定为可修（加固）：

①木屋盖系统中个别构件榫卯拔出；

②个别檩条、椽子塌落。

木屋盖系统只要屋架不塌落，其他个别构件的卯榫拔出，或个别檩条、椽子塌落是可以并且较容易修复的。地震、台风实践表明，一榀屋架塌落，至少会导致相邻一到两个开间屋盖的塌落，支撑塌落屋架的纵墙大多也会局部倒塌，整体看上去房屋是处于倒塌破坏。这种情况下修复的价值不大。但当仅是个别檩条或椽子塌落，则修复的难度小、工作量也较小。

6.2.4 修复与加固方法选择

（1）实心砖墙体裂缝修复，应符合下列要求：

①当墙体裂缝宽度小于 1mm 时，可对裂缝进行清理后采用简单抹灰处理。

②当墙体裂缝宽度在 1～2mm 之间时，可采用 M10 水泥砂浆压力灌浆、塞浆修复，再恢复装饰层。

③当墙体裂缝宽度在 2～5mm 之间时，可先采用 M10 水泥砂浆压力灌浆、塞浆，然后在墙体表面裂缝处（剔除装饰层）铺一层钢丝网，抹 M10 水泥砂浆修复，钢丝网宽度宜为裂缝两侧各200～300mm。

砖砌实心墙体裂缝修复的简单方法是采用压力灌浆灌注高强度的水泥砂浆，对缺少压力灌浆设备的农村，可采用高强度水泥砂浆塞浆处理。对实心砖墙的裂缝宽度分为 3 个级别，即小于 1mm，1～2mm 和 2～5mm。小于 1mm 的细微裂缝可不需灌浆（正常使用条件下允许砌体有裂缝存在，如温度裂缝等），其他两个级别的裂缝均需压力灌浆或塞浆，且 2～5mm 宽度的裂缝还需粘贴一层钢丝网补强。由于灌注砂浆的强度高于砌体砂浆强度，修复后裂缝处墙体的抗压和抗剪强度高于原墙体，达到了修复和补强的目的。塞浆实属现场施工条件不具备时的权宜之计，由于塞浆难以使裂缝填塞密实，故只能说基本达到了修复的目的，而很难达到补强效果。

（2）当实心砖墙体房屋仅有少数墙体开裂严重（缝宽在 5mm 以上）时，可采用墙体换砌或加固方法处理，并应符合下列要求：

①当墙体在平面外有错动或外闪时，可将裂缝严重的部位局部或大部分拆除，采用高强度砂浆（应比原墙体的砂浆强度等级高一级，且不应低于 M2.5）重新换砌；拆除前应先做好拆砌范围内上部结构的支托，并应设置牢固支撑。

②对仅有严重裂缝，平面外未产生错动或外闪的墙体，可先采用 M10 水泥砂浆灌浆或塞浆，再采用钢筋网水泥砂浆面层加固，面层砂浆强度等级应采用 M10。

当实心砖墙体房屋仅有少数墙体开裂严重（缝宽在 5mm 以上）时，该条规定可采用局部墙体换砌或加固方法处理。

（3）空斗墙体和小砌块墙体裂缝修复，应符合下列要求：

①当墙体裂缝宽度小于 1mm 时，可对裂缝进行清理后采用简单抹灰处理。

②当墙体裂缝宽度在 1～3mm 之间时，可在墙体表面裂缝处（剔除装饰层）铺一层钢丝网，抹 M10 水泥砂浆修复，钢丝网宽度宜为裂缝两侧各 200～300mm。

③当房屋仅有少数墙体开裂严重（缝宽在 3mm 以上）时，可将裂缝严重的部位局部或大部分拆除，采用高强度砂浆（应比原墙体的砂浆强度等级高一级，且不应低于 M2.5）重新换砌；拆除前应先做好拆砌范围内上部结构的支托，并应设置牢固支撑。

空斗墙体和小砌块墙体不能采用灌浆修复措施，只能采用粘贴钢丝网片并抹 M10 水泥砂浆修复。对少数墙体开裂严重可采用墙体换砌方法处理。

（4）当房屋楼（屋）盖处墙体没有设置圈梁（包括配筋砖圈梁）时，宜采用外加角钢带、或外加配筋砂浆带圈梁，并在纵横墙外加圈梁高度处设置钢筋拉杆，钢筋拉杆的直径不宜小于 14mm。

对没有设置圈梁的房屋，要求在楼（屋）盖处设置外加角钢带或外加配筋砂浆带圈梁和钢筋拉杆，以加强房屋的整体性。

（5）山尖墙应采用墙揽与檩条拉结，并应符合下列要求：

①在山尖墙中上部，与檩条对应位置设置墙揽，将山尖墙与檩条拉结

牢固。

②墙揽的构造及与檩条的拉结可按照《镇（乡）村建筑抗震技术规程》JCJ161 有关章节的要求采用。

（6）砌体承重的木楼、屋盖房屋，应按照《镇（乡）村建筑抗震技术规程》JCJ161 的有关章节增加剪刀撑、纵向水平系杆、斜撑、墙揽等抗震、抗风措施。

《镇（乡）村建筑抗震技术规程》JCJ161 对村镇砌体结构、木结构、生土结构和石结构房屋在加强房屋整体性、加强节点连接等方面的抗震措施有详细的规定和要求。

（7）对有明显位移的木龙骨、木檩条，应首先复位，并应采用铁件、铁丝、圆钉、扒钉等措施连接牢固。

试验表明，对房屋构件和节点采用铁件、铁丝、圆钉、扒钉等措施连接牢固，将大大提高房屋的抗震、抗风能力。

（8）对开裂的混凝土预制楼、屋盖，可采用下列方法修补：

①当混凝土预制楼、屋盖的裂缝宽度小于 5mm 时，可采用不低于 M10 的水泥砂浆灌浆修补；

②当混凝土预制楼、屋盖的裂缝宽度大于 5mm 时，可采用不低于 C20 的细石混凝土灌缝修补。

6.3 木结构房屋受损快速评估

6.3.1 适用范围

本章适用于木构架承重房屋，包括穿斗木构架、木柱木屋架、木柱木梁承重，砖（小砌块）围护墙、生土围护墙和石围护墙木楼（屋）盖房屋。

本章内容主要适用于村镇中木构架承重房屋。围护墙体包括实心砖墙、多孔砖墙、蒸压砖墙和空斗砖墙，也包括生土墙体（土坯墙和夯土墙），以及石墙（料石墙体和毛石墙体）。

6.3.2 快速评估

（1）快速评估时，主要检查房屋的下列构件或部位：

①房屋地基与基础。查看房屋散水是否有不均匀沉陷或隆起，有无地裂缝穿过基础；当墙体因地基局部沉陷、隆起或地裂缝产生开裂时，测量墙体裂缝的水平宽度和竖向错动的幅值；查看房屋有无整体倾斜或局部墙体倾斜。

②木构架。检查木构架是否歪斜，木柱有无断裂，木柱与屋架或大梁节点处有无损坏，穿斗木构架的其他节点有无损坏等。

③围护墙体。检查房屋围护墙是否出现裂缝，当出现裂缝时，检查有裂缝墙体的数量，并测量墙体的裂缝宽度、延伸长度，检查有无局部破坏和外闪等现象。

④非结构构件。检查隔墙的开裂情况，当有裂缝时，检查有裂缝墙体的数量，并测量墙体的裂缝宽度、延伸长度，检查有无外闪等现象；查看出屋面小烟囱、门脸等装饰部位的损坏情况和数量。

⑤屋盖系统。检查屋盖系统中的屋架、檩条（龙骨）、椽子等构件是否有位移、拔出、塌落、断裂等破坏现象，并记录损坏数量；检查屋面瓦是否有溜瓦现象，测量并记录溜瓦面积占屋盖面积的比例。

村镇木构架承重房屋的围护墙（含隔墙，下同）主要是砌筑墙体（砖、砌块、土坯或石材），也有的采用夯土墙，在我国南方的一些村镇中，也有部分民宅的前纵墙为木板围护墙。木构架房屋的震害形态主要是墙体开裂、倒塌，木构架歪斜以及楼（屋）盖系统中的连接节点变形或脱开、龙骨或檩条支承处掉落等。

在木构架房屋中，木构架是房屋承重的主体构件，地震实践说明，围护墙体同样是房屋中的主体构件，在地震中主要承担水平地震力。如果围护墙倒塌，只剩下木构架，也就不能称其为完整的房屋，而且墙体的倒塌是造成人员伤亡和财产损失的主要原因。墙倒架立的破坏程度属于倒塌，修复的难度和工作量都很大。尽管墙体外闪倒塌不会造成室内人员的伤亡，但会造成室外人员的伤亡，同时内部的隔墙倒塌也会造成室内人员的伤亡。因此，本章要求快速评估时，主要检查房屋木构架和围护墙体的破坏情况。

（2）房屋构件有下列情况之一者，应判断房屋属破坏形态：

①基础与围护墙有因局部沉陷、隆起或地裂缝产生的裂缝；

②木构架歪斜，木柱与屋架或大梁连接节点处有拔榫或卯榫损坏变形，穿斗木构架的其他节点有拔榫或损坏变形现象；

③围护墙体出现裂缝，有外闪现象；

④隔墙出现裂缝，有外闪现象；

⑤屋盖系统中的屋架、檩条（龙骨）、椽子等构件有塌落、拔出、断裂现象，屋面瓦有溜瓦现象。

震害调查表明，村镇木构架房屋的震害形态主要是墙倒架歪，楼（屋）盖系统中的连接节点失效或变形，龙骨或檩条脱开坠落等。因此，本章要求快速评估时，除了检查地基和基础的震害外，主要检查房屋木构架和围护墙体的破坏情况。当房屋木构架倾斜，围护墙体出现裂缝或倾斜现象，屋盖系统出现破坏等情况时，应判断房屋属于破坏形态。

（3）房屋的破坏状态，应按下列情况分级：

①基本完好：木柱、围护墙体完好；屋面溜瓦；隔墙轻微裂缝；附属构件有不同程度的破坏。

②轻微破坏：木柱、围护墙体完好或部分轻微裂缝；隔墙多数轻微裂缝，个别明显裂缝；山墙轻微外闪或掉砖；附属构件严重裂缝或塌落。

③中等破坏：木柱、围护墙体多数轻微破坏或部分明显破坏；个别屋面构件塌落；隔墙明显破坏。

④严重破坏：木柱倾斜、围护墙体（隔墙）多数明显破坏或部分严重破坏；屋架或檩条掉落引起部分屋面塌落；隔墙多数严重裂缝或倒塌。

⑤倒塌：木柱多数折断或倾倒，围护墙、隔墙多数倒塌。

6.3.3   可修（加固）评定

（1）木构架的可修评定，当符合下列要求时，宜评定为可修：

①木构架的倾斜不超过10度；

②木构架房屋只有一个端开间的屋面塌落。

如果木构架倾斜严重，各节点处的卯榫有可能折断或损坏，即使是拨正了，也可能存在隐患。因此要求木构架的倾斜不宜超过10度，经过打牮拨正，并对节点进行修复加固后可继续使用。当木构架房屋只有一个端开间的屋面部分檩条塌落，可修复使用。这主要是考虑修复的难易程度和工作量的大小，如果塌落的开间较多，不如拆除重建，这样可将节点损坏的隐患消除。

（2）围护墙（含隔墙，下同）的可修评定，当符合下列要求时，宜评定为可修：

①少数纵横墙连接处出现通长的竖向裂缝；

②实心砌体围护墙的大多数裂缝宽度不大于 10mm；空斗砌体和小砌块围护墙的大多数裂缝宽度不大于 6mm；

③实心砌体围护墙裂缝竖向错动幅值不大于 20mm，且水平宽度不大于 10mm；

④空斗砌和小砌块围护墙裂缝竖向错动幅值不大于 12mm，且水平宽度不大于 6mm。

围护墙为非承重构件，其裂缝宽度要求较承重墙体适当放宽，只要不产生较严重的外闪倾斜，一般是可以修复的。

本章要求砌体围护墙的可修评定指标是：房屋中只有少数纵横墙连接处出现通长的竖向裂缝；大多数实心墙体的裂缝宽度不大于 10mm；大多数砖砌空斗墙和小砌块墙的裂缝宽度不大于 6mm。木构架有一定的变形能力，本身对因地基与基础震害产生的竖向位移幅值并不敏感，但围护墙相对刚度较大，不能承受过大的竖向位移。因此，本条要求实心砌体围护墙裂缝竖向错动幅值不大于 20mm，水平宽度不大于 10mm；空斗墙和小砌块围护墙裂缝竖向错动幅值不大于 10mm，且水平宽度不大于 6mm；水平裂缝指标较承重墙体的要求放大了 1 倍，裂缝竖向错动幅值，实心砌体围护墙放大了 1.33 倍，空斗砌围护墙放大了 1.25 倍。实心砌体围护墙裂缝的竖向错动幅值比现行国家标准《建筑地基基础设计规范》地基允许变形的最大值大 10% ~ 20%；空斗墙和小砌块墙裂缝的竖向错动幅值不宜超过一个灰缝的厚度。

在墙体厚度和砂浆强度相同的情况下，砖砌空斗墙和小砌块墙的抗侧力能力远小于砖砌实心墙体，砖砌空斗墙和小砌块墙的稳定性和整体性都较砖砌实心墙差，并且空斗墙和小砌块墙的可修复与可加固性能也较差。因此，空斗墙和小砌块墙的裂缝宽度要求和竖向错动幅值要求较实心墙体严格。

6.3.4 修复与加固方法选择

（1）木构架修复与加固，应符合下列要求：

①当木构架倾斜时，应首先进行打牮扶正，并采用支架或支杆固定牢固；

②对松弛或损坏的木构架节点连接处，宜采用铁件、夹板、螺栓、扒钉、8 号铁丝等进行修复与加固。

现行行业标准《镇（乡）村建筑抗震技术规程》JCJ161 对村镇木结构房屋加强房屋整体性、加强节点连接等方面的抗震措施有详细的规定和要求。

（2）实心砌体围护墙（隔墙）裂缝修复，应符合下列要求：

①当墙体裂缝宽度小于 1mm 时，可对裂缝及周边进行清理后采用简单抹灰处理。

②当墙体裂缝宽度在 1~2mm 之间时，可采用 M10 水泥砂浆压力灌浆、塞浆修复，再恢复装饰层。

③当墙体裂缝宽度在 2~5mm 之间时，可先采用 M10 水泥砂浆压力灌浆、塞浆，然后在墙体表面裂缝处（剔除装饰层）铺一层钢丝网，抹 M10 水泥砂浆修复，钢丝网宽度宜为裂缝两侧各 200~300mm。

实心砌体墙裂缝修复的简单方法是采用压力灌浆灌注高强度的水泥砂浆，对缺少压力灌浆设备的农村，可采用高强度水泥砂浆塞浆处理。对实心砖墙的裂缝宽度分为 3 个级别，即小于 1mm，1~2mm 和 2~5mm。小于 1mm 的细微裂缝可不需灌浆（正常使用条件下允许砌体有裂缝存在，如温度裂缝等），其他两个级别的裂缝均需压力灌浆或塞浆，且 2~5mm 宽度的裂缝还需粘贴一层钢丝网补强。由于灌注砂浆的强度高于砌体砂浆强度，修复后裂缝处墙体的抗压和抗剪强度高于原墙体，达到了修复和补强的目的。塞浆实属现场施工条件不具备时的权宜之计，由于塞浆难以使裂缝填塞密实，故只能说基本达到了修复的目的，很难达到补强效果。

（3）当仅有少数实心砌体围护墙（隔墙）开裂严重（缝宽在 10mm 以上）时，可采用墙体换砌或加固方法处理，并应符合下列要求：

①当墙体在平面外有错动或外闪时，可将裂缝严重的部位局部或大部分拆除，采用高强度砂浆（应比原墙体的砂浆强度等级高一级，且不应低于 M2.5）重新换砌；拆除前应先做好拆砌范围内上部结构的支托，并应设置牢固支撑。

②对仅有裂缝，平面外未产生错动或外闪的墙体，可先采用 M10 水泥砂浆灌浆或塞浆，再采用钢筋网水泥砂浆面层加固，面层砂浆强度等级应采用 M10。

当仅有少数实心砌体围护墙或隔墙开裂严重（缝宽在 10mm 以上）时，该条规定了可采用墙体换砌或加固方法处理。

（4）空斗墙和小砌块墙围护墙（隔墙）裂缝修复，应符合下列要求：

①当墙体裂缝宽度小于 1~2mm 时，可对裂缝进行清理后采用简单抹灰处理。

②当墙体裂缝宽度在 2～6mm 之间时，可在墙体表面裂缝处（剔除装饰层）铺一层钢丝网，抹 M10 水泥砂浆修复，钢丝网宽度宜为裂缝两侧各 200～300mm。

③当房屋仅有少数墙体开裂严重（缝宽在 6mm 以上）时，可将裂缝严重的部位局部或大部分拆除，采用高强度砂浆（应比原墙体的砂浆强度等级高一级，且不应低于 M2.5）重新换砌；拆除前应先做好拆砌范围内上部结构的支托，并应设置牢固支撑。

空斗墙体和小砌块墙体不能采用灌浆修复措施，只能采用粘贴钢丝网片并抹 M10 水泥砂浆修复。对少数墙体开裂严重可采用墙体换砌方法处理。

（5）当房屋楼（屋）盖处墙体没有设置圈梁（包括配筋砖圈梁）时，宜采用外加角钢带或外加配筋砂浆带圈梁，并将外加角钢或外加配筋砂浆带圈梁与屋架、大梁或木柱拉结牢固。

该条对没有设置圈梁的房屋，要求在楼（屋）盖处设置外加角钢带或外加配筋砂浆带圈梁并与屋架、大梁或木柱拉结牢固，以加强房屋的整体性。

（6）围护墙（隔墙）应采用墙揽与木构架拉结，并应符合下列要求：

①在屋檐以下纵横墙高度的中部、与木柱对应位置设置墙揽，将围护墙（隔墙）与木柱或木梁拉结牢固。

②在山尖墙中上部，与屋架构件对应位置设置墙揽，将山尖墙与屋架构件拉结牢固。

③墙揽的构造可按照《镇（乡）村建筑抗震技术规程》JCJ161 有关章节的要求采用。

（7）砌体承重的木楼、屋盖房屋，应按照《镇（乡）村建筑抗震技术规程》JCJ161 的有关章节增加剪刀撑、纵向水平系杆、斜撑等抗震、抗风措施。

《镇（乡）村建筑抗震技术规程》JCJ161 对村镇中砌体结构、木结构、生土结构和石结构房屋在加强房屋整体性、加强节点连接等方面的抗震措施有详细的规定和要求。

（8）对有明显位移的木龙骨、木檩条，应首先复位，并应采用铁件、铁丝、圆钉、扒钉等措施连接牢固。

试验表明，对房屋构件和节点采用铁件、铁丝、圆钉、扒钉等措施连接牢固，将大大提高房屋的抗震、抗风能力。

6.4 生土结构房屋受损快速评估

6.4.1 适用范围

本章适用于生土墙承重房屋，包括土坯墙、夯土墙承重的一、二层木楼（屋）盖房屋。

生土墙承重房屋在我国西部广大地区农村大量使用，在我国华北、东北等地区农村也有一定数量的生土墙承重房屋。本章的适用范围界定为土坯墙和夯土墙承重的一、二层木楼、屋盖房屋。

6.4.2 快速评估

（1）快速评估时，主要检查房屋的下列构件或部位：

①房屋地基与基础。查看房屋散水是否有不均匀沉陷或隆起，有无地裂缝穿过基础；当墙体因地基局部沉陷、隆起或地裂缝产生开裂时，测量墙体裂缝的水平宽度和竖向错动的幅值；查看房屋有无整体倾斜或局部墙体倾斜。

②房屋主体结构。检查房屋墙体是否出现裂缝，当出现裂缝时，检查有裂缝墙体的数量，并测量墙体的裂缝宽度、延伸长度，检查有无外闪等现象。

③非结构构件。检查隔墙、女儿墙的开裂情况，当有裂缝时，检查有裂缝墙体的数量，并测量墙体的裂缝宽度、延伸长度，检查有无外闪等现象；查看并记录屋面小烟囱、门脸等装饰部位的损坏情况和数量。

④屋盖系统。检查屋盖系统中的屋架、檩条（龙骨）、椽子等构件是否有塌落、拔出、断裂等破坏现象，并记录损坏数量；检查屋面瓦是否有溜瓦现象，测量并记录溜瓦面积占屋盖面积的比例。

（2）房屋构件有下列情况之一者，应判断房屋属于破坏形态：

①基础与墙体有因局部沉陷、隆起或地裂缝产生的裂缝；

②承重生土墙体有裂缝，有外闪现象；

③隔墙有裂缝，有外闪现象；

④屋盖系统中的屋架、檩条（龙骨）、椽子等构件有塌落、拔出、断裂现象，屋面瓦有溜瓦现象。

村镇生土墙承重房屋的墙体（包括承重墙和非承重墙）主要是土坯砌筑

墙体或夯土墙体。房屋的震害形态主要是墙体倒塌、开裂，楼（屋）盖系统中的龙骨或檩条脱开坠落等。因此，本章要求快速评估时，除了检查地基和基础的震害外，主要检查房屋生土墙体的破坏情况。当房屋墙体有裂缝或倾斜现象，屋盖系统有破坏情况时，应判断房屋属破坏形态。

（3）房屋的破坏状态，应按下列情况分级：

①基本完好：承重生土墙体完好；个别非承重墙体轻微裂缝；附属构件有不同程度的破坏。

②轻微破坏：承重生土墙体完好或部分轻微裂缝；非承重墙体多数轻微裂缝，个别明显裂缝；山墙轻微外闪或掉砖；附属构件严重裂缝或塌落。

③中等破坏：承重生土墙体多数轻微破坏或部分明显破坏；个别屋面构件塌落；非承重墙体明显破坏。

④严重破坏：承重生土墙体多数明显破坏或部分严重破坏；承重屋架或檩条断落引起部分屋面塌落；非承重墙体多数严重裂缝或倒塌。

⑤倒塌：承重生土墙体多数塌落。

6.4.3 可修（加固）评定

（1）生土墙承重房屋的可修（加固）评定，当符合下列要求时，宜评定为可修（加固）：

①少数纵横墙连接处出现通长的竖向裂缝；

②大多数土坯墙承重墙体裂缝宽度不大于5mm；

③大多数夯土墙承重墙体裂缝宽度不大于10mm；

④土坯墙体裂缝竖向错动幅值不大于15mm，且水平宽度不大于5mm；

⑤夯土墙体裂缝竖向错动幅值不大于20mm，且水平宽度不大于10mm。

（2）屋盖系统可修（加固）评定，当符合下列要求时，宜评定为可修（加固）：

①屋盖系统中个别构件榫卯拔出；

②个别檩条、椽子塌落。

屋盖系统只要屋架不塌落，其他个别构件的卯榫拔出，或个别檩条、椽子塌落是可以并且较容易修复的。地震实践表明，一榀屋架塌落，至少会影响相邻一到两个开间屋盖的塌落，支撑塌落屋架的纵墙大多也会局部倒塌，整体看上去房屋是处于倒塌破坏。这种情况下修复的价值不大了。但当仅是个别檩条或椽子塌落，则修复的难度小、工作量也较小。

6.4.4　修复与加固方法选择

（1）承重生土墙体裂缝修复，应符合下列要求：

①当墙体裂缝宽度小于2mm之间时，可对裂缝进行清理后采用简单抹灰处理。

②当墙体裂缝宽度在2～5mm之间时，可采用石灰（或水泥）黏土泥浆塞浆修复，再恢复装饰层。

③当墙体裂缝宽度在5～10mm之间时，可先采用石灰（或水泥）黏土泥浆塞浆修复，塞浆后可在墙体表面裂缝处（剔除装饰层）铺一层钢丝网，抹不低于M5水泥砂浆修复，钢丝网宽度宜为裂缝两侧各200～300mm。

由于墙体材料强度所限，生土墙体裂缝很难采用压力灌浆方法修复，可采用石灰（或水泥）黏土泥浆塞浆修复处理。对生土墙的裂缝宽度分为3个级别，即小于2mm、2～5mm和5～10mm。小于2mm的细小裂缝可不需塞浆（正常使用条件下允许生土墙体有裂缝存在，如干缩裂缝等，生土墙体由于土性的原因，尤其夯土墙干缩裂缝比较普遍），其他两个级别的裂缝均需塞浆，5～10mm宽度的裂缝还需粘贴一层钢丝网补强。由于塞浆难以将裂缝填塞密实，只能说达到了使用要求的目的，很难说切实达到修复或补强效果。

（2）当生土墙体房屋仅有少数墙体开裂严重（缝宽在10mm以上）时，可采用墙体换砌或加固方法处理，并应符合下列要求：

①当墙体在平面外有错动或外闪时，可将裂缝严重的部位局部或大部分拆除，采用石灰黏土碎草泥浆重新换砌；拆除前应先做好拆砌范围内上部结构的支托，并应设置牢固支撑。

②对仅有裂缝，平面外未产生错动或外闪的墙体，可先采用石灰（或水泥）黏土泥浆塞浆修复，再采用钢丝网水泥砂浆面层加固，面层砂浆强度等级应不低于M5。

当生土墙体房屋仅有少数墙体开裂严重（缝宽在10mm以上）时，该条规定了可采用墙体换砌或加固方法处理。

（3）当生土墙房屋楼（屋）盖处墙体没有设置圈梁（包括配筋砖圈梁）时，宜采用外加木圈梁加固，也可采用外加角钢带或外加配筋砂浆带圈梁，并将外加圈梁与屋架、大梁拉结牢固。

该条对没有设置圈梁的房屋，要求在楼（屋）盖处设置外加木圈梁或外加角钢带、配筋砂浆带圈梁并与屋架、大梁拉结牢固，以加强房屋的整体性。

（4）山尖墙应采用墙揽与檩条拉结，并应符合下列要求：

①在山尖墙中上部，与檩条对应位置设置墙揽，将山尖墙与檩条拉结牢固。

②墙揽的构造可按照《镇（乡）村建筑抗震技术规程》JCJ161 有关章节的要求采用。

（5）生土墙承重的木楼、屋盖房屋，应按照《镇（乡）村建筑抗震技术规程》JCJ161 的有关章节增加剪刀撑、纵向水平系杆、斜撑等抗震、抗风措施。

《镇（乡）村建筑抗震技术规程》JCJ161 对村镇砌体结构、木结构、生土结构和石结构房屋加强房屋整体性、加强节点连接等方面的抗震措施有详细的规定和要求。

（6）对有明显位移的木龙骨、木檩条，应首先复位，并应采用铁件、铁丝、圆钉、扒钉等措施连接牢固。

试验表明，对房屋构件和节点采用铁件、铁丝、圆钉、扒钉等措施连接牢固，将大大提高房屋的抗震、抗风能力。

6.5 石结构房屋受损快速评估

6.5.1 适用范围

本章适用于石结构承重房屋，包括料石、平毛石砌体承重的一、二层木楼（屋）盖或冷轧带肋钢筋预应力圆孔板楼（屋）盖房屋。

本章主要是针对我国量大面广的农村地区的石结构房屋，综合考虑我国的国情和不同地域石结构房屋的差异，总结历史震害中石结构房屋破坏的经验与教训，把本章的适用范围界定为料石、平毛石砌体承重的一、二层木或冷轧带肋钢筋圆孔板楼、屋盖房屋。

钢筋混凝土预制圆孔楼板在我国华东、中南地区应用广泛，鉴于冷拔光圆钢丝握裹性能差，本章要求圆孔楼板中的钢筋为冷轧带肋钢筋。

6.5.2 快速评估

（1）快速评估时，主要检查房屋的下列构件或部位：

①房屋地基与基础。查看房屋散水是否有不均匀沉陷或隆起，有无地裂缝穿过基础；当墙体因地基局部沉陷、隆起或地裂缝产生开裂时，测量墙体裂缝的水平宽度和竖向错动的幅值；查看房屋有无整体倾斜或局部墙体倾斜。

②房屋主体结构。检查房屋墙体是否出现裂缝，当出现裂缝时，检查有裂缝墙体的数量，并测量墙体的裂缝宽度、延伸长度，检查有无外闪等现象。

③非结构构件。检查隔墙、女儿墙的开裂情况，当有裂缝时，检查有裂缝墙体的数量，并测量墙体的裂缝宽度、延伸长度，检查有无外闪等现象；查看出屋面小烟囱、门脸等装饰部位的损坏情况和数量。

④屋盖系统。检查屋盖系统中的屋架、檩条（龙骨）、椽子等构件是否有塌落、拔出、断裂等破坏现象，并记录损坏数量；检查屋面瓦是否有溜瓦现象，测量并记录溜瓦面积占屋盖面积的比例。

⑤混凝土楼屋盖。检查混凝土预制楼、屋盖的开裂情况，测量裂缝宽度。

（2）房屋构件有下列情况之一者，应判断房屋属于破坏形态：

①基础与墙体有因局部沉陷、隆起或地裂缝产生的裂缝；

②承重石墙体有裂缝，有外闪现象；

③隔墙、女儿墙有裂缝，有外闪现象；

④屋盖系统中的屋架、檩条（龙骨）、椽子等构件有塌落、拔出、断裂现象，屋面瓦有溜瓦现象。

村镇石结构房屋的墙体（包括承重墙和非承重墙）主要是采用粗料石、平毛石等石砌墙体。房屋的震害形态主要是墙体开裂，木楼（屋）盖系统中的龙骨或檩条脱开坠落，预制混凝土楼、屋盖裂缝等。因此，本章要求快速评估时，除了检查地基和基础的震害外，主要检查房屋墙体的破坏情况。当房屋墙体有裂缝或倾斜现象，屋盖系统有破坏情况时，应判断房屋属破坏形态。

（3）房屋的破坏状态，应按下列分级：

①基本完好：承重墙体或石柱完好；非承重墙体轻微裂缝；附属构件有不同程度破坏。

②轻微破坏：承重墙体或石柱完好或部分轻微裂缝；非承重墙体多数轻

微裂缝，个别明显裂缝；山墙轻微外闪；附属构件严重裂缝或塌落。

③中等破坏：承重墙体或石柱多数轻微破坏或部分明显破坏；个别屋面构件塌落；非承重墙体明显破坏。

④严重破坏：承重墙体或石柱多数明显破坏或部分严重破坏；承重屋架或檩条断落引起部分屋面塌落；非承重墙体多数严重裂缝或倒塌。

⑤倒塌：承重墙体或石柱多数塌落。

6.5.3 可修（加固）评定

（1）石墙承重房屋的可修（加固）评定，当符合下列要求时，宜评定为可修（加固）：

①少数纵横墙连接处出现通长的竖向裂缝；

②大多数墙体裂缝宽度不大于5mm；

③墙体裂缝竖向错动幅值不大于15mm，且水平宽度不大于5mm。

（2）木屋盖系统可修（加固）评定，当符合下列要求时，宜评定为可修（加固）：

①木屋盖系统中个别构件连接节点榫卯拔出；

②个别檩条、椽子塌落。

6.5.4 修复与加固方法选择

（1）石墙体裂缝修复，应符合下列要求：

①当墙体裂缝宽度小于1mm时，可对裂缝进行清理后采用简单抹灰处理。

②当墙体裂缝宽度在1~2mm之间时，可采用M10水泥砂浆灌浆、塞浆修复，再恢复装饰层。

③当墙体裂缝宽度在2~5mm之间时，可先采用M10水泥砂浆灌浆、塞浆修复，灌浆、塞浆后可在墙体表面裂缝处（剔除装饰层）铺一层钢丝网，抹M10水泥砂浆修补，钢丝网宜采用8号到12号点焊钢丝网片，钢丝网宽度宜为裂缝两侧各200~300mm。

石墙体裂缝修复的简单方法是采用压力灌注高强度的水泥砂浆，对缺少压力灌浆设备的农村，可采用高强度水泥砂浆塞浆处理。对石墙的裂缝宽度分为3个级别，即小于1mm，1~2mm和2~5mm。小于1mm的细微裂缝可不需灌浆（正常使用条件下允许砌体有裂缝存在，如温度裂缝等），其他两个级别的裂缝均需灌浆或塞浆，且 2~5mm 宽度的裂缝还需粘贴一层钢丝网补强。由于灌注砂浆的强度高于砌体砂浆强度，修复后裂缝处墙体的抗压和抗剪强度高于原墙体，达到了修复和补强的目的。塞浆实属现场施工条件不具备时的权宜之计，由于塞浆难以将裂缝填塞密实，故只能说基本达到了修复的目的，很难说达到补强效果。

（2）当石墙体房屋仅有少数墙体开裂严重（缝宽在 5mm 以上）时，可采用墙体换砌或加固方法处理，并应符合下列要求：

①当墙体在平面外有错动或外闪时，可将裂缝严重的部位局部或大部分拆除，采用高强度砂浆（应比原墙体的砂浆强度等级高一级，且不应低于M2.5）重新换砌；拆除前应先做好拆砌范围内上部结构的支托，并应设置牢固支撑。

②对仅有裂缝，平面外未产生错动或外闪的墙体，可先采用 M10 水泥砂浆灌浆或塞浆，再采用钢筋网水泥砂浆面层加固，面层砂浆强度等级应采用 M10。

当石墙房屋仅有少数墙体开裂严重（缝宽在 5mm 以上）时，该条规定了可采用墙体换砌或加固方法处理。

（3）当房屋楼（屋）盖处墙体没有设置圈梁时，宜采用外加混凝土圈梁或外加配筋砂浆带圈梁，并在纵横墙外加圈梁高度处设置钢筋拉杆，钢筋拉杆的直径不宜小于 14mm。

该条对没有设置圈梁的房屋，要求在楼（屋）盖处设置外加混凝土圈梁或外加配筋砂浆带圈梁和钢筋拉杆，以加强房屋的整体性。

（4）坡屋面房屋的山尖墙应采用墙揽与檩条拉结，并应符合下列要求：

①在山尖墙中上部，与檩条对应位置设置墙揽，将山尖墙与檩条拉结牢固。

②墙揽的构造可按照《镇（乡）村建筑抗震技术规程》JCJ161 有关章节的要求采用。

（5）石墙承重的木楼、屋盖房屋，应按照《镇（乡）村建筑抗震技术规程》JCJ161 的有关章节增加剪刀撑、纵向水平系杆、斜撑、墙揽等抗震措施。

《镇（乡）村建筑抗震技术规程》JCJ161 对村镇砌体结构、木结构、生土结构和石结构房屋加强房屋整体性、加强节点连接等方面的抗震措施有详细的规定和要求。

（6）对有明显位移的木龙骨、木檩条，应首先复位，并应采用铁件、铁丝、圆钉、扒钉等措施连接牢固。

试验表明，对房屋构件和节点采用铁件、铁丝、圆钉、扒钉等措施连接牢固，将大大提高房屋的抗震能力。

（7）对开裂的混凝土预制楼、屋盖，可采用下列方法修补：

①当混凝土预制楼、屋盖的裂缝宽度小于 5mm 时，可采用不低于 M10 的水泥砂浆灌浆修补；

②当混凝土预制楼、屋盖的裂缝宽度大于 5mm 时，可采用不低于 C20 的细石混凝土灌缝修补。

7 村镇建筑抗震、抗风评价方法

地震、风暴是造成村镇建筑破坏的主要原因，我国村镇建筑通常是农民自主建造，不经过设计单位的正规设计，一般不考虑地震、风暴的作用，没有采取抗震、抗风措施，抗震、抗风能力普遍低下。

对村镇住宅房屋在抵御地震、风暴作用方面存在的不足进行评价，采取适当的抗震、抗风措施，提高房屋的抗震、抗风能力，是减轻村镇地震、风暴灾害的重要途径。

本指南提出的村镇住宅建筑抗震、抗风评价方法，仅适用于村镇一、二层低造价房屋，包括砌体房屋、木构架房屋、生土房屋和石砌体房屋。

7.1 村镇建筑抗震、抗风评价基本要求

7.1.1 抗震、抗风评价内容

（1）房屋现状调查，包括确认房屋的结构类型、用途、施工质量和维护状况，以及房屋存在的抗震、抗风缺陷等。

抗震、抗风评价时，首先应进行房屋现状调查，确认房屋的结构类型。施工质量和维护状况主要是查看承重墙体砌筑砂浆种类及强度，其他各主要构件现状，墙体有无裂缝，木构件有无腐朽和缺损等。

（2）根据各类房屋的结构特点、结构布置、构造措施等因素，采取相应的抗震、抗风评价方法。

查看结构类型是否明确，结构布置是否得当，构造措施有无缺失等，以便采用相应结构类型的抗震、抗风评价方法（相应的章节），必要时进行抗震、抗风能力分析、验算。

（3）对房屋整体抗震、抗风性能作出评价，对不符合抗震、抗风要求的

房屋提出抗震、抗风对策和处理意见。

7.1.2 抗震、抗风评价原则

（1）不同结构类型房屋，其抗震、抗风检查的内容、重点和要求不同，应采用不同的评价方法。

（2）对重要部位和一般部位，应分别按不同的要求进行检查和评价。

重要部位指影响该类建筑结构整体抗震、抗风性能的关键部位和易导致局部倒塌伤人的构件和部位。

（3）对房屋抗震、抗风性能有整体影响的构件和仅有局部影响的构件，在抗震、抗风能力分析时应区别对待。

7.1.3 抗震、抗风评价的基本要求

（1）对房屋进行检查，确定结构体系，找出其破坏会导致整个房屋丧失抗震、抗风能力或丧失竖向承载能力的部件或构件，并对其进行重点评价。

（2）当房屋在同一高度采用不同材料的墙体时，应有满足房屋整体性要求的拉结措施。

（3）结构构件的连接构造应满足结构整体性的要求；非结构构件与主体结构的连接构造应满足在地震、风暴作用下非结构构件不倒塌伤人的要求。

（4）结构材料实际达到的强度等级，应符合本篇各章规定的最低要求。

（5）对抗震设防烈度不大于 6 度或风力不大于 9 级地区的房屋，可不进行墙体抗震和抗风作用计算，但房屋在整体性、节点连接、墙柱连接等方面应满足抗震、抗风构造措施的要求。

对抗震设防烈度大于 6 度的房屋，可按国家现行行业标准《镇（乡）村建筑抗震技术规程》JCJ161 附录 A 的方法计算地震作用或根据结构形式由附录 B、C、D、E 对应表中查取房屋抗震横墙间距和宽度限值。对不满足要求的，应采取加固措施。

（6）对风力大于 9 级地区的房屋，可将风力级别换算为等效对应的地震作用，并按地震作用的计算方法近似计算风暴作用或查取相应表格。房屋水平地震作用与风暴水平荷载强度的等效对应关系可按表 7-1-1 采用：

表 7 - 1 - 1 房屋水平地震作用与风暴水平荷载的等效对应关系

地震烈度（度）	6	7	7.5	8	8.5	9
风力级别（级）	9	10 ~ 11	12 ~ 13	14	15 ~ 16	17

（7）隔墙与两侧墙体或柱应有拉结，墙顶还应与梁、板或屋架下弦有拉结措施，对不满足要求的，应采取拉结措施。

隔墙与其两端的墙体或柱应有拉结措施，同时隔墙的墙顶与梁、板或屋架下弦也应有拉结措施，否则在地震、台风等水平荷载作用下容易平面外倒塌伤人或砸坏房屋的其他构件或室内设备。

（8）山尖墙与屋盖构件之间应采用墙揽拉结；墙揽可采用角铁、梭形铁件或木条等制作；墙揽的长度应不小于 300mm，并应竖向放置。对不满足要求的，应采取拉结措施。

（9）门窗洞口应有混凝土过梁或配筋砖过梁，没有设置时可采用钢丝网水泥砂浆面层等进行加固。

（10）檩条与屋架（梁）的连接及檩条之间连接应有符合下列要求：

①搁置在梁、屋架上弦上的檩条宜采用搭接，搭接长度不应小于梁或屋架上弦的宽度（直径），檩条与梁、屋架上弦以及檩条与檩条之间应采用扒钉或 8 号铁丝连接（如图 7 - 1 - 1（a）所示）。对不满足要求的，应采取相应的拉结措施。

②当檩条在梁、屋架、穿斗木构架柱头上采用无榫卯对接时，檩条与檩条端部之间应采用木夹板或扁铁、螺栓连接，檩条与梁、屋架上弦宜采用 8 号铁丝绑扎连接（如图 7 - 1 - 1（b）所示）。对不满足要求的，应采取相应的拉结措施。

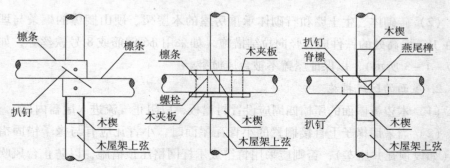

（a）檩条在屋架上弦搭接做法 （b）檩条在屋架上弦对接做法 （c）檩条在屋架上弦燕尾榫对接做法

图 7 - 1 - 1 檩条在屋架上弦的连接措施

③当檩条在梁、屋架、穿斗木构架柱头上采用燕尾榫对接时，檩条与檩条端部之间可采用扒钉连接，檩条与梁、屋架上弦宜采用 8 号铁丝绑扎连接（如图 7－1－1（c）所示），对不满足要求的，应采取相应的拉结措施。

④双脊檩与屋架上弦的连接除应符合以上要求外，双脊檩之间尚应采用木条或螺栓连接。

（11）椽子或木望板应采用圆钉与檩条钉牢。

7.1.4　抗风暴专项评价要求

1. 木屋架、木屋盖的防风措施

（1）木构架承重房屋，在纵横墙高度的中部和檐口高度处，围护墙与木柱之间应有拉结措施；屋架与木柱、木梁与木柱之间应有 U 形铁件等拉结牢固（如图 7－1－2 所示）。

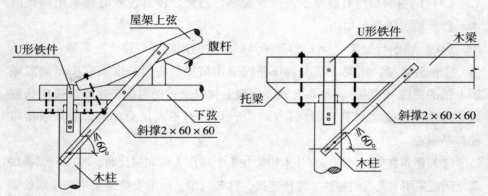

图 7－1－2　屋架与木柱、木梁与木柱之间采用 U 形铁件连接

（2）砖砌体、生土墙和石砌体承重房屋的木屋架、硬山搁檩的檩条与埋置在 1/2 墙高处的铁件应有竖向拉结措施（如采用 $\phi6$ 钢筋或 8 号铁丝等，如图 7－1－3 所示），以保证屋盖不被台风掀翻。

2. 屋面的防风措施

（1）木望板屋面的屋檐四周应设置封檐板，以阻止气流进入屋盖内部。

（2）当采用椽子上直接搁置的小青瓦屋面时，小青瓦应有与椽子锚固措施（如设顶瓦并压垄）；否则应采用竹竿或木杆网格压顶措施，以防止台风吹坏屋面。

当小青瓦直接搁置在椽子上时，由于屋面内外空气连通，大风时室内外

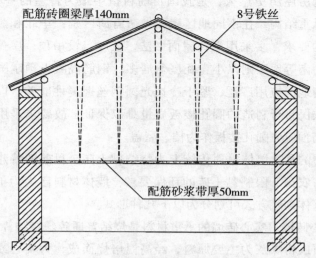

图7-1-3 屋架、屋盖的檩条与外加配筋砂浆带拉结措施

瞬时压差较大，易将小青瓦甚至整个屋盖掀翻。

3. 门窗的防风措施

（1）门窗框与洞口四周墙体应采用预埋木砖或铁件等连接牢固。

（2）对遭受台风袭击频率较高的沿海地区，门窗玻璃可采用简易有效的钢筋栅栏、铁丝网、尼龙网等防护措施，以防止台风扬起物撞坏门窗玻璃。

7.1.5 抗震、抗风加固要求

（1）对不满足抗震、抗风评价要求的房屋，可根据对房屋整体性的影响程度、加固难易程度等因素进行综合分析，提出相应的维修、加固、改造或拆建等抗震、抗风减灾对策。

（2）村镇中的公共建筑必须进行抗风暴鉴定，对不满足要求的进行抗风加固，以便在台风发生时用于躲避风暴和人员救助。

7.2 砌体结构房屋抗震、抗风评价

本章适用于村镇中的烧结普通砖、烧结多孔砖、混凝土小型空心砌块、蒸压灰砂砖和蒸压粉煤灰砖等砌体承重的一、二层木楼（屋）或冷轧带肋钢筋预应力圆孔板楼（屋）盖房屋，包括各种实砌墙承重和空斗砖墙承重房屋。

砌体结构房屋历史悠久，是我国目前村镇中最为普遍的一种结构形式。以砌体墙为承重结构，在不同地区屋面做法有所区别：华北和西北地区为满足冬季保温的要求，多采用泥背屋面做法，坡屋盖设吊顶，屋盖较重；在华东、西南、中南等地区则以小青瓦屋盖居多。钢筋混凝土预制圆孔楼板在我国华东、中南地区应用广泛，鉴于冷拔光圆钢丝握裹性能差，以及农村施工条件所限，农民自行制造的圆孔楼板质量难以保证，故要求采用工厂生产的冷轧带肋钢筋预应力圆孔楼板作为楼、屋盖。

砌体房屋的承重墙体材料传统上为烧结黏土砖，目前随着建筑材料的发展和适应少占农田、限制黏土砖的环保要求，墙体材料已大为扩展。以墙体砌块材料和墙体砌筑方式可划分为以下几种形式。

（1）实心砖墙。实心砖墙的承重材料是烧结普通砖。烧结普通砖由黏土、页岩、煤矸石或粉煤灰为主要原料，经高温焙烧而成，为实心或孔洞率不大于规定值且外形尺寸符合规定的砖，分为烧结黏土砖、烧结页岩砖、烧结煤矸石砖和烧结粉煤灰砖等，标准规格为 240mm×115mm×53mm，在我国一些地区，也使用不同规格的烧结黏土砖，尺寸与标准砖有一定差别。

实心砖墙厚度多为一砖墙（240mm）或一砖半墙（370mm），部分地区也有采用 120mm 或 180mm 厚墙体作为承重墙。当材料和施工质量有保证时，实心砖墙体具有很好的抗水平荷载作用承载能力。

（2）多孔砖墙。多孔砖墙的承重材料是烧结多孔砖，简称多孔砖。以黏土、页岩、煤矸石为主要原料，经焙烧而成，孔洞率不小于25%，孔为圆形或非圆形，孔尺寸小而数量多，主要用于承重部位的墙体，简称多孔砖。目前多孔砖分为 P 型砖和 M 型砖，P 型多孔砖外形尺寸为 240mm×115mm×90mm，M 型多孔砖外形尺寸为 190mm×190mm×190mm。

（3）小砌块墙。小砌块墙的承重材料是混凝土小型空心砌块，是普通混凝土小型空心砌块和轻骨料混凝土空心砌块的总称，简称小砌块。普通混凝土小型空心砌块以碎石和击碎卵石为粗骨料，简称普通小砌块；轻骨料混凝土小型空心砌块以浮石、火山渣、自然煤矸石、陶粒等为粗骨料，简称轻骨料小砌块；主规格尺寸均为 390mm×190mm×190mm，孔洞率在25%～50%之间。

（4）蒸压砖墙。蒸压砖墙的承重材料是蒸压灰砂砖、蒸压粉煤灰砖，简称蒸压砖。蒸压砖属于非烧结硅酸盐砖，是指采用硅酸盐材料压制成坯并经高压釜蒸气养护制成的砖。蒸压砖分为蒸压灰砂砖和蒸压粉煤灰砖，其规格与标准砖相同。蒸压灰砂砖以石灰和砂为主要原料，蒸压粉煤灰砖以粉煤灰、石灰为主要原料，掺加适量石膏和集料。

（5）空斗砖墙。空斗砖墙是采用烧结普通砖砌筑的空心墙体，厚度一般为一砖（240mm）。空斗墙砌筑形式有一斗一眠、三斗一眠、五斗一眠等。有的地区甚至在一层内均采用无眠砖砌筑；也有些地区采用非标准砖，卧砌空斗，隔若干皮用一皮丁砖拉结。空斗墙的优点是节约用砖量，且隔热性能较好，但因墙体砖块立砌，拉结不好，墙体整体性差，因此抗水平荷载作用承载能力相对较差。目前在我国南方长江流域、华东、中南、海南等地区应用仍较为广泛。

7.2.1 砌体房屋的外观质量要求

（1）墙体不空臌、没有严重的酥碱和明显外闪现象；

（2）支撑梁或屋架的墙体无竖向裂缝，承重墙、自承重墙以及其交接处无明显裂缝；

（3）木楼、屋盖构件无明显变形、腐朽、蚁蛀和严重开裂；

（4）预应力圆孔板混凝土仅有少量微小开裂或局部剥落，钢筋无露筋、锈蚀。

当存在不符合上述要求的项目时，应采取相应的修复措施。

这是对房屋现状的外观和质量检查的要求，当不满足要求时，应对相应构件采取修复、补强或更换等措施。

7.2.2 承重墙体材料强度要求

（1）砖强度等级不宜低于 MU7.5，且不宜低于砌筑砂浆强度等级；小型砌块的强度等级不宜低于 MU5。砖、砌块的强度等级低于上述规定一级以内时，抗震验算查表时，墙体的砂浆强度等级宜按比实际达到的强度等级降低一级采用。

当砂浆强度等级高于砖、小砌块的强度等级时，抗震验算查表时，墙体的砂浆强度等级宜按砖、砌块的强度等级采用。

（2）墙体的砌筑砂浆强度等级应满足国家现行行业标准《镇（乡）村建筑抗震技术规程》JCJ161 附录 B 对应表中的要求。

不满足要求时，应采取加固措施。

建筑地震、台风灾害调查表明，砌体结构房屋抗侧力能力的关键是砌筑砂浆强度，由于农民缺少建筑结构知识和防灾意识，并受传统房屋建造习惯的影响，实心墙体大多采用黏土泥浆砌筑。

村镇房屋低标号砂浆的实际强度可采用以下简易方法判别。

①手捻法。手捻法一般只能判别15号（M1.5）以下的砂浆强度。

a. 当手捻基本感觉不到强度或仅有轻微强度时，其强度一般在 0～5 号（M0～M0.5）之间；

b. 当手捻有轻微强度到需用较大力量才能捻碎时，其强度一般在 5～10 号（M0.5～M1）之间；

c. 当手捻需用较大力量到需用很大力量才能捻碎时，其强度一般在 10～15 号（M1～M1.5）之间。

②脚踩法。脚踩法一般只能判别30号（M3.0）以下的砂浆强度，当手捻难以捻碎，强度较高时采用：

a. 当用脚较容易将砂浆块踩碎时，其强度一般在 15～20 号（M1.5～M2.0）之间；

b. 当用脚较用力将砂浆块踩碎时，其强度一般在 20～25 号（M2.0～M2.5）之间；

c. 当用脚用力甚至需要碾压才能将砂浆块踩碎时，其强度一般在 25～30 号（M2.5～M3.0）之间。

7.2.3 房屋整体性连接构造要求

（1）墙体布置在平面内应闭合。当平面内不闭合时，应采取增设部分墙段、圈梁等措施加固。

（2）纵横墙交接处应咬槎砌筑。当为直槎通缝，或纵横墙交接处因采用不同材料砌筑而产生通缝时，应采取外加水平配筋砂浆带圈梁和竖向配筋砂浆带等拉结措施。

（3）空斗砖墙体的下列部位，应卧砌成实心砖墙：

①转角处和纵横墙交接处距墙体中心线不小于300mm 宽度范围内墙体；

②室内地面以上不少于三皮砖、室外地面以上不少于十皮砖标高处以下部分墙体；

③楼板、龙骨和檩条等支承部位以下通长卧砌四皮砖；

④屋架或大梁支承处沿全高，且宽度不小于490mm 范围内的墙体；

⑤壁柱或洞口两侧240mm 宽度范围内墙体；

⑥屋檐或山墙压顶下通长卧砌两皮砖；

⑦配筋砖圈梁处通长卧砌两皮砖。

不符合要求时，应采取钢丝网水泥砂浆面层、外加配筋砂浆带等加固措施。

空斗墙房屋的破坏规律与实心砖墙房屋类似，但抗震性能远不如实心砖墙房屋，震害也比实心砖墙房屋严重。因此，在一些抗震薄弱部位及静载下的主要受力部位采用实心卧砌予以加强。承重、关键部位的加强可以在一定程度上提高抗震、抗风性能，另一方面也可以提高竖向荷载下墙体的承载力和稳定性，提高正常使用下的安全性和耐久性。

（4）空心小砌块墙体的下列部位，应采用不低于 Cb20 混凝土灌孔，沿墙全高将孔洞灌实作为芯柱：

①转角处和纵横墙交接处距墙体中心线不小于300mm 宽度范围内墙体；

②屋架、大梁的支承处墙体，灌实宽度不应小于500mm；

③壁柱或洞口两侧不小于300mm 宽度范围内；

④芯柱在楼层上下应连通，且沿墙高每隔800mm 应有 $\phi4$ 点焊钢丝网片与墙拉结。

不符合要求时，应采取钢丝网水泥砂浆面层、外加配筋砂浆带等加固措施。

混凝土小型空心砌块房屋在屋架、大梁的支撑位置以下部分的墙体为承重墙体，转角处和纵横墙交接处以及壁柱或洞口两侧部位为重要的关键部位，对这些部位墙体沿全高将小砌块的孔洞灌实，有利于提高房屋的抗震和抗风承载能力。在小砌块房屋墙体中设置芯柱并配置竖向插筋可以增加房屋的整体性和延伸性，提高抗震和抗风能力。

（5）木屋架不应为无下弦的人字屋架；隔开间应有一道竖向支撑（即：竖向剪刀撑）或有木望板。不符合要求时，应采取增加支撑措施加固。

（6）木屋盖与墙体之间应有拉结、锚固措施，以防止台风掀翻屋盖。当没有此项拉结措施时，应予以增设。

（7）装配式混凝土楼盖、屋盖（或木屋盖）砖房应有钢筋混凝土圈梁或配筋砖圈梁、配筋砂浆带；空斗墙、空心小砌块墙和180mm厚砖墙承重的房屋，每层内外墙应有圈梁，不符合要求时，应采取外加水平配筋砂浆带、角钢带、钢拉杆等加固措施。

（8）楼盖、屋盖的连接应符合下列要求：

①楼盖、屋盖构件的支承长度不应小于表7-2-1的规定。

当楼盖、屋盖构件的支承长度不满足要求时，可采用增设角钢带或外加配筋砂浆带加固，并将木楼、屋盖构件与角钢带或外加配筋砂浆带加固拉结，以增加支撑长度和拉结强度；同时木屋盖构件间宜采用木夹板、螺栓、扒钉或8号铁丝连接。

表7-2-1　　　　　　楼、屋盖构件的最小支承长度　　　　单位：mm

构件名称	预应力圆孔板		木屋架、木梁	对接木龙骨、木檩条		搭接木龙骨、木檩条
位置	墙上	混凝土梁上	墙上	屋架上	墙上	屋架上、墙上
支承长度与连接方式	80（板端钢筋连接并灌缝）	60（板端钢筋连接并灌缝）	240（木垫板）	60（木夹板与螺栓）	120（砂浆垫层、木夹板与螺栓）	满搭

②混凝土预制构件支承处应有坐浆；预制板缝应有混凝土填实，板上应有水泥砂浆面层。

（9）当有圈梁时，圈梁的布置和构造尚应符合下列要求：

①现浇和装配整体式钢筋混凝土楼盖、屋盖可无圈梁；

②外加圈梁位置与楼盖、屋盖宜在同一标高或紧靠板底；

③砖拱楼盖、屋盖房屋，每层所有内外墙均应有圈梁，且圈梁不应承受砖拱楼盖、屋盖的推力；

④外加配筋砂浆带砂浆层的厚度不宜小于40mm，砂浆强度等级不应低于M5；钢丝网水泥砂浆面层中的配筋加强带可代替该位置上的圈梁；与纵墙圈梁有可靠连接的进深梁也可代替该位置上的圈梁。

当没有设置圈梁时，应增设圈梁。可采用水平配筋砂浆带或角钢带作为外加圈梁。

圈梁是增强房屋整体性和抗倒塌能力的有效措施。震害实践表明，设有圈梁的砌体房屋的震害相对未设置圈梁的房屋要轻得多，其作用十分明显。在村镇地区，考虑到施工条件和经济发展状况，设置配筋砖圈梁是简单有效、经济可行的抗震构造措施。

7.2.4 易引起局部倒塌的部件及其连接要求

（1）房屋局部尺寸应符合下列要求：

①承重的门窗间墙最小宽度和外墙尽端至门窗洞边的最小距离，6（7）、8、9 度分别不应小于 0.8m、1.0m、1.3m；

②非承重的外墙尽端至门窗洞边的距离，6（7）、8、9 度分别不应小于 0.8m、0.8m、1.0m；

③内墙阳角至门窗洞边的距离，6（7）、8、9 度分别不应小于 0.8m、1.2m、1.8m。

不符合要求时，应采取加固措施。如可采用加宽窗间墙、增设钢筋混凝土窗框、型钢窗框等措施加固。

墙体是主要的抗侧力构件，一般来说，房屋的墙体水平总截面积越大，就越容易满足抗侧力要求。调查发现，村镇住宅前纵墙窗间墙过窄，门窗间仅有砖垛或木柱、混凝土柱是较为普遍的现象，同时后纵墙开窗很小或不开窗，由于刚度分布不均匀会造成地震时扭转严重，加重震害。当不符合该项要求时，通常可采用加宽窗间墙、增设钢筋混凝土窗框或型钢窗框等措施加固。

（2）后砌隔墙与两侧墙体或柱应有拉结，墙顶还应与梁、板或屋架下弦有拉结措施。对不满足要求的，应采取拉结措施。

后砌非承重隔墙不承受楼、屋面荷载，但具有一定刚度的隔墙也承担平面内的地震作用。当与承重墙和楼、屋面构件没有可靠连接时，在水平地震作用下平面外的稳定性很差，易局部倒塌伤人。可采用木夹板等措施限制墙顶位移，减小墙平面外弯曲。试验研究结果表明，在墙顶设置连接措施具有明显效果。

（3）屋檐外挑梁上不得砌筑砌体。

调查发现，一些村镇房屋出于适应当地气候条件的要求，设有较宽的外挑檐。为了支承外挑部分的檩条，有些做法是在屋檐外挑梁的上面砌筑小段墙体，甚至砌成花格状，没有任何拉结措施，地震、台风时中容易破坏掉落伤人。不满足该项要求时，应拆除外挑梁上的砌体，采用三角形小屋架或设瓜柱解决外挑部位檩条的支承问题，并应加强新设屋架与原屋面构件的连接。

7.2.5 砌体房屋抗震、抗风能力评价结论

当砌体房屋符合本章各项规定时，可评为抗震、抗风能力满足要求；当遇到下列情况之一时，应评为抗震、抗风能力不满足要求，且应对房屋采取加固或其他相应措施。

（1）房屋整体性不满足要求。如墙体平面内不闭合，未设置圈梁等。

（2）承重墙体的砌筑砂浆强度不满足要求。

（3）纵横墙交接处连接不符合要求。如纵横墙体没有咬槎砌筑或不连续咬槎砌筑，交接处为通缝或断续通缝；同一高度墙体分别采用不同材料砌筑，如一面墙体为砖墙，另一面墙体为石墙或土墙等。

（4）木屋盖构件与墙体没有拉结、锚固措施。

（5）易损部位非结构构件的构造不符合要求。

（6）有多项明显不符合本章其他规定的要求。

7.3 木结构房屋抗震、抗风评价

本章适用于村镇中的木结构承重房屋，包括穿斗木构架、木柱木屋架、木柱木梁承重，砖（小砌块）围护墙、生土围护墙和石围护墙，木楼（屋）盖房屋。

我国木构架房屋应用广泛，发展历史悠久，形式多种多样，本章按照承重结构形式将木结构房屋分为穿斗木构架、木柱木屋架、木柱木梁三种，均采用木楼（屋）盖，这三种类型的房屋在我国广大村镇地区被广泛采用。

7.3.1 木结构房屋的外观和内在质量要求

（1）围护墙体不空臌、没有严重的酥碱、剥蚀和明显外闪现象。

（2）支撑梁或屋架的木柱无严重竖向裂缝，无明显压弯变形，无腐朽、蚁蛀现象。

（3）木楼、屋盖构件无明显变形、腐朽、蚁蛀和严重开裂。

当存在不符合上述要求的项目时，应采取相应的修复措施。

这是对房屋现状的外观和质量的要求，应存在上述质量问题时，应对相应构件采取修复、补强或更换等措施。

7.3.2　木结构房屋结构体系评定要求

（1）木结构房屋端开间山墙内侧应设有木构架，当采用硬山搁檩时，应对山墙特别是山尖墙采取增设墙揽的加固措施。

木结构房屋应由木构架承重，墙体只起围护作用。木构架的设置要完全，在山墙处也应设木构架，不应采用中部木构架承重、端山墙硬山搁檩的混合承重方式。灾害调查表明，房屋中部采用木构架承重、端山墙硬山搁檩的混合承重房屋破坏严重。因此，当现有房屋采用硬山搁檩时，应对山墙采取加固措施。

（2）木构架的木柱与木屋架、木柱与木梁、穿斗木屋架中的木柱与龙骨、木梁（或穿枋）应有斜撑连接；木柱木屋架和木柱木梁房屋的木柱与木屋架或木梁节点处应有 U 形铁件连接（如图 7-1-2 所示）。不符合要求时，应增设斜撑或采取其他加强该节点的拉结措施。

仅用卯榫连接的木构架，随着时间的推移，其卯榫连接处会因干缩而成为铰节点，木构架成为不稳定的可变机构，仅能承受竖向重力荷载，在水平荷载作用下会产生较大的位移和变形。将木构架的木柱与木屋架、木梁或穿斗木屋架中的龙骨、木梁（或穿枋）用斜撑连接，增加主要节点的刚度，对加强整个木构架结构的稳定性，提高房屋的抗震及抗风能力非常有利。

7.3.3　围护墙体材料强度等级要求

（1）砖强度等级不宜低于 MU7.5，且不低于砌筑砂浆强度等级；小型砌块的强度等级不宜低于 MU5。砖、砌块的强度等级低于上述规定一级以内时，抗震验算查表时墙体的砂浆强度等级宜按比实际达到的强度等级降低一级采用。当砂浆强度等级高于砖、小砌块的强度等级时，抗震验算查表时墙体的砂浆强度等级宜按砖、砌块的强度等级采用。

（2）木结构房屋的围护墙体砌筑砂浆强度等级应满足国家现行行业标准《镇（乡）村建筑抗震技术规程》JCJ161 附录 C 对应表中的要求。不满足要求时，应采取加固措施。

7.3.4 房屋的整体性连接构造要求

（1）纵横墙交接处应咬槎砌筑；围护墙体与木柱之间沿墙高每隔 750mm 应有拉结措施。不符合要求时，可增设竖向配筋砂浆带，砂浆带内预埋 $\phi6$ 或 $\phi4$ 穿墙拉结钢筋与木柱拉结；也可增设墙揽，用 $\phi6$ 或 $\phi4$ 穿墙拉结钢筋与木柱拉结。

（2）围护墙的墙顶和墙高的中部应有配筋砖圈梁或配筋砂浆带；配筋砖圈梁或配筋砂浆带在木柱位置处应有预埋 $\phi6$ 钢筋与木柱拉结。不符合要求时，应增设配筋砂浆带圈梁，并砂浆带内预埋 $\phi6$ 穿墙拉结钢筋与木柱拉结。

以上两款要求的目的：承重木构架和砌体围护墙（抗侧力墙体）的质量、刚度和自振特性差异很大，在水平荷载作用下，木构架的变形能力远大于砌体围护墙，而木构架的抗侧承载力又很弱，连接不牢时两者不能共同工作，甚至会因动力变形不同步而相互碰撞，引起墙体开裂、错位，严重时倒塌。加强墙体与木柱的连接，可以提高木构架与围护墙的协同工作性能。一方面柱间刚度较大的围护墙能减小木构架的侧移变形；另一方面围护墙受到木柱的约束，有利于墙体抗剪。

（3）木屋架隔开间应有一道竖向剪刀撑或有木望板。不符合要求时，应采取增加支撑措施加固。

（4）木柱与柱脚石之间应有铁件连接措施，柱脚石埋入地面以下的深度不应小于 200mm。不符合要求时，木柱与柱脚石之间宜采用铁件连接措施。

木柱与柱脚石之间用铁件连接的目的是防止风暴将木屋架掀翻、吹走。一旦木屋架被风暴吹走，不仅造成该房屋本身倒塌损失，还会撞击、损坏其他房屋。

（5）当穿斗木构架的穿枋为整根时，宜在木柱两侧的穿枋上设置木销钉（如图 7 - 3 - 1 所示），防止地震时穿枋错动移位；当穿斗木构架穿枋的长度不足时，可采用两根穿枋在木柱中对接，并应在对接处两侧沿水平方向加设扁铁（如图 7 - 3 - 2 所示）；扁铁厚度不宜小于 2mm、宽度不宜小于 60mm，两端用两根直径不小于 12mm 的螺栓夹紧。

（6）当檩条（龙骨）在梁上满搭时，应采用圆钉与木梁钉牢，并应采用 8 号铁丝与梁捆绑牢固；当檩条（龙骨）端部在梁上对接时，应采用木夹板和螺栓将两对接檩条（龙骨）端部连接牢固，并应采用 8 号铁丝与梁捆绑牢固。

（7）空斗围护墙体的下列部位，应卧砌为实心砖墙：

①转角处和纵横墙交接处距墙体中心线不小于 300mm 宽度范围内墙体；

②室内地面以上不少于三皮砖、室外地面以上不少于十皮砖标高处以下部分墙体；

③楼板、龙骨和檩条等支承部位以下通长卧砌四皮砖；

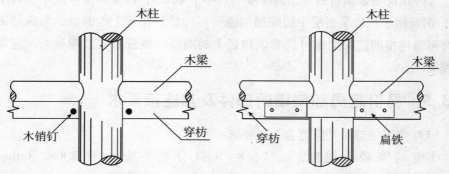

图 7－3－1　木柱两侧穿枋设置木销钉　图 7－3－2　对接处木柱两侧加设扁铁拉结

④屋架或大梁支承处沿全高，且宽度不小于 490mm 范围内的墙体；

⑤壁柱或洞口两侧 240mm 宽度范围内墙体；

⑥屋檐或山墙压顶下通长卧砌两皮砖；

⑦配筋砖圈梁处通长卧砌两皮砖。

不符合要求时，应采取钢丝网水泥砂浆面层、外加配筋砂浆带等加固措施。

（8）空心小砌块墙体的下列部位，应采用不低于 Cb20 的混凝土灌孔芯柱，并应符合下列要求：

①转角处和纵横墙交接处距墙体中心线不小于 300mm 宽度范围内墙体；

②屋架、大梁的支承处墙体，灌实宽度不应小于 500mm；

③壁柱或洞口两侧不小于 300mm 宽度范围内墙体；

④芯柱在楼层上下应连通，且沿墙高每隔 800mm 应有 $\phi 4$ 点焊钢丝网片与墙拉结。

不符合要求时，应采取钢丝网水泥砂浆面层、外加配筋砂浆带等加固措施。

（9）围护墙在楼屋盖高度处应有圈梁，圈梁的种类应符合下列要求：

①砖和小砌块围护墙体可采用混凝土圈梁、配筋砖圈梁或配筋砂浆带圈梁；

②土坯围护墙体可采用配筋砖圈梁或配筋砂浆带圈梁；夯土围护墙体宜采用木圈梁；

③石砌围护墙体可采用混凝土圈梁、配筋砂浆带圈梁。

④外加配筋砂浆带砂浆层的厚度不宜小于40mm，砂浆强度等级不应低于M5；钢丝网水泥砂浆面层中的配筋加强带可代替该位置上的圈梁；与纵墙圈梁有可靠连接的进深梁也可代替该位置上的圈梁。当没有设置圈梁时，应增设圈梁。

7.3.5　易引起局部倒塌的部件及其连接要求

（1）房屋局部尺寸应符合下列要求：

①窗间墙最小宽度，6、7、8、9度分别不应小于0.8m、1.0m、1.2m、1.5m；

②外墙尽端至门窗洞边的最小距离不应小于1.0m；

③内墙阳角至门窗洞边的最小距离，6、7、8、9度分别不应小于0.8m、1.0m、1.5m、2.0m。

不符合要求时，应采取加固措施。可根据围护墙体的类型，采用加宽窗间墙、增设钢筋混凝土窗框、型钢窗框或木窗框等措施加固。

（2）后砌隔墙与两侧墙体或柱应有拉结，墙顶还应与梁、板或屋架下弦有拉结措施，对不满足要求的，应采取拉结措施。

7.3.6　木结构房屋抗震、抗风能力评价结论

木结构房屋符合本章各项规定可评为抗震、抗风能力满足要求；当遇到下列情况之一时，应评为抗震、抗风能力不满足要求，且要求对房屋采取加固或其他相应措施：

（1）木柱与围护墙之间没有拉结措施。

（2）围护墙体的砌筑砂浆强度不满足要求。

（3）纵横墙交接处连接不符合要求。

纵横围护墙体没有咬槎砌筑或不连续咬槎砌筑，交接处为通缝或断续通

缝；同一高度墙体分别采用不同材料砌筑，如一面围护墙体为砖墙，另一面围护墙体为石墙或木板墙、竹片墙等。

（4）木屋盖构件与木构架没有防止地震、风暴作用的锚固措施；

（5）隔墙等非结构构件的构造不符合要求；

（6）有多项明显不符合本章其他规定的要求。

7.4 生土结构房屋抗震、抗风评价

本章适用于村镇中的生土结构房屋，包括土坯墙、夯土墙承重的一、二层木楼（屋）盖房屋。

风暴灾害实践表明，生土墙体承重房屋受到积水浸泡 2～4 个小时，就可因墙体软化失去承载能力而倒塌（如图 7-4-1、图 7-4-2 所示）。因此，生土墙体房屋不能在台风带来的强降雨积水中较长时间的浸泡。

图 7-4-1 安徽三河 1991 年洪水 　　图 7-4-2 黑龙江沙兰 2005 年洪水
引起的生土房屋倒塌 　　　　　　　引起的生土房屋倒塌

7.4.1 生土房屋的外观质量要求

（1）墙体不空臌、没有严重的酥碱、剥蚀和明显外闪现象；

（2）支撑梁或屋架的墙体无竖向裂缝，承重墙、自承重墙以及其交接处无明显裂缝；

（3）木楼、屋盖构件无明显变形、腐朽、蚁蛀和严重开裂。

以上是对房屋现状的外观和质量检查的要求，当不满足要求时，应对相应构件采取修复、补强或更换等措施。

7.4.2　承重墙体材料强度要求

（1）土坯强度等级不宜低于 MU0.7，夯土墙的强度等级不宜低于 MU1。

当土坯墙砌筑砂浆强度高于土坯的强度时，抗震验算查表时墙体的砂浆强度宜按土坯的强度等级采用。

（2）墙体的砌筑砂浆强度等级应满足国家现行行业标准《镇（乡）村建筑抗震技术规程》JCJ161 附录 D 对应表中的要求。

不满足要求时，应采取加固措施。

土坯墙和夯土墙采用的原材料主要为黏土，土坯墙的土坯和砌筑泥浆的强度，夯土墙体的材料强度，均可采用前文关于判别村镇房屋低标号砂浆的实际强度的方法进行判别。

7.4.3　房屋整体性连接构造要求

（1）墙体布置在平面内应闭合，不闭合时应采取加固措施。

（2）纵横墙交接处应咬槎砌筑，当为直槎通缝时，应采取加强整体性的拉结措施。

（3）木屋架不应为无下弦的人字屋架，隔开间应有一道竖向剪刀撑或有木望板。不符合要求时，应增加支撑。

（4）木屋盖与墙体之间应有拉结、锚固措施。

（5）土坯墙体承重房屋应有圈梁，并应符合下列要求：

①土坯墙体承重房屋内外墙均应有配筋砖圈梁、配筋砂浆带或木圈梁；夯土墙体承重房屋内外墙墙顶均应有配筋砖圈梁、配筋砂浆带或木圈梁；

②当房屋在同一高度采用不同材料的墙体时，屋檐下墙体顶部和墙高的中部应有圈梁，土坯墙及夯土墙顶部应采用配筋砖圈梁、配筋砂浆带或木圈梁，夯土墙中部应采用木圈梁；

③8 度或墙高大于 3.6m 时，墙高的中部应有一道圈梁，土坯墙及夯土墙顶部应采用配筋砖圈梁、配筋砂浆带或木圈梁，夯土墙中部应采用木圈梁。

当未设置圈梁时，应增设圈梁。可采用水平配筋砂浆带或角钢带作为外加圈梁，也可采用外加木圈梁。

（6）楼盖、屋盖构件的支承长度不应小于表 7-4-1 中的规定。

当楼盖、屋盖构件的支承长度不满足要求时，可采用角钢带或外加配筋砂浆带加固，并将木楼、屋盖构件与角钢带或外加配筋砂浆带加固拉结，以增加支撑长度和增强拉结；同时木屋盖各构件之间宜采用木夹板、螺栓，扒钉或8号铁丝连接。

表7-4-1　　　　　　楼、屋盖构件的最小支承长度　　　　　　单位：mm

构件名称	木屋架、木梁	对接木龙骨、木檩条		搭接木龙骨、木檩条
位置	墙上	屋架上	墙上	屋架上、墙上
支承长度与连接方式	240（木垫板）	60（木夹板与螺栓）	120（砂浆垫层、木夹板与螺栓）	满搭

（7）圈梁的布置和构造尚应符合下列要求：

①圈梁位置与楼盖、屋盖宜在同一标高或紧靠板底；

②拱顶屋盖房屋，圈梁不应承受砖拱楼盖、屋盖的推力；

③配筋砂浆带砂浆层的厚度不宜小于40mm，砂浆强度等级不应低于M5；钢丝网水泥砂浆面层中的配筋加强带可代替该位置上的圈梁；与纵墙圈梁有可靠连接的进深梁也可代替该位置上的圈梁。

7.4.4　易引起局部倒塌的部件及其连接要求

（1）房屋局部尺寸应符合下列要求：

①承重的门窗间墙最小宽度和外墙尽端至门窗洞边的最小距离，6、7、8度分别不应小于1.0m、1.2m、1.4m；

②非承重的外墙尽端至门窗洞边的距离不应小于1.0m；

③内墙阳角至门窗洞边的距离，6、7、8度分别不应小于1.0m、1.2m、1.5m。

不符合要求时，应采取加固措施。如可采用加宽窗间墙、木窗框等措施加固。

（2）后砌隔墙与两侧墙体或柱应有拉结，墙顶还应与梁、板或屋架下弦有拉结措施；对不满足要求的，应采取拉结措施。

7.4.5　生土房屋抗震、抗风能力评价结论

生土房屋符合本章各项规定可评为抗震、抗风能力满足要求；当遇到下列情况之一时，应评为抗震、抗风能力不满足要求，且应对房屋采取加固或其他相应措施。

（1）房屋整体性不满足要求。如墙体平面内不闭合，未设置圈梁等。

（2）纵横墙交接处连接不符合要求。如纵横墙体没有咬槎砌筑或不连续咬槎砌筑，交接处为通缝或断续通缝；同一高度墙体分别采用不同材料砌筑，如一面墙体为生土墙，另一面墙体为石墙或砖墙等。

（3）木屋盖构件与墙体没有拉结、锚固措施。

（4）易损部位非结构构件的构造不符合要求。

（5）有多项明显不符合本章其他规定的要求。

7.5　石结构房屋抗震、抗风评价

本章适用于村镇中的石结构房屋，包括料石、平毛石砌体承重的一、二层木楼（屋）盖或冷轧带肋钢筋预应力圆孔板楼（屋）盖房屋。

需要说明的是，平毛石指形状不规则，但有两个平面大致平行、且该两平面的尺寸远大于另一个方向尺寸的块石。

7.5.1　石结构房屋的外观质量要求

（1）墙体不空臌、没有明显外闪现象。

（2）支撑梁或屋架的墙体无竖向裂缝，承重墙、自承重墙以及其交接处无明显裂缝。

（3）木楼、屋盖构件无明显变形、腐朽、蚁蛀和严重开裂。

（4）预应力圆孔板混凝土仅有少量微小开裂或局部剥落，钢筋无露筋、锈蚀。

调查发现，村镇平毛石房屋墙体空臌和外闪现象较为多见，主要原因一是砌筑砂浆大多为黏土泥浆，二是石料块体较小、形状不规则，且沿墙体厚度方向缺少大块的可贯通墙厚的拉结石，石砌体的拉结强度和整体性较差。

以上是对房屋现状的外观和质量的要求。当不满足要求时，应对相应构件采取修复、补足或更换等措施。

7.5.2　承重石墙砌筑砂浆实际达到的强度等级要求

（1）墙体的砌筑砂浆强度等级应满足国家现行行业标准《镇（乡）村建筑抗震技术规程》JCJ161 附录 E 对应表中的要求。

（2）砌筑砂浆不应采用黏土泥浆。

不满足要求时，应采取加固措施。

石结构房屋地震破坏机理及特征与砖砌体房屋基本相似，房屋抗侧力能力的关键是砌筑砂浆强度，并且石材砌块的不规整性、砌筑方式差异较大、石墙厚度大、重量大，对砌筑砂浆的要求较砌体结构更高。由于农民缺少必要的建筑结构知识和防灾意识，同时受到传统房屋建造习惯的影响，村镇石砌体墙大多采用黏土泥浆砌筑，仅考虑承担竖向重力荷载，导致房屋整体的抗震、抗风承载力偏低。

风暴灾害实践表明，黏土泥浆砌筑的石墙在积水浸泡作用下2～4个小时泥浆就会软化，这种情况下竖向荷载作用下的安全性降低，承受水平荷载作用的能力更差。尤其采用平毛石、泥浆砌筑的墙体，石块不规则，墙体的整体性差，墙体浸水后即使仅承受竖向荷载，也有可能产生破坏。

7.5.3　房屋的整体性连接构造要求

（1）墙体布置在平面内应闭合。当平面内不闭合时，应采取增设部分墙段等措施加固。

（2）纵横墙交接处应咬槎砌筑。当为直槎通缝，或纵横墙交接处因采用不同材料砌筑而产生通缝时，应采取外加水平与竖向配筋砂浆带等拉结措施加固。

（3）木屋架不应为无下弦的人字屋架；隔开间应有一道竖向支撑（即：竖向剪刀撑）或有木望板。不符合要求时，应采取增加支撑措施加固。

（4）木屋盖与墙体之间应有防止地震破坏，防止风暴将屋盖掀翻、刮走的锚固措施（如图7-1-3所示）。

（5）装配式混凝土楼盖、屋盖（或木屋盖）内外墙均应有钢筋混凝土圈梁或配筋砂浆带圈梁。当没有设置圈梁时，可采用外加水平配筋砂浆带圈梁。

（6）楼盖、屋盖的连接应符合下列要求：

①楼盖、屋盖构件的支承长度不应小于表7-5-1中的规定。

当楼盖、屋盖构件的支承长度不满足要求时，可采用增设角钢带或外加配筋砂浆带加固，并将木楼、屋盖构件与角钢带或外加配筋砂浆带加固拉结，以增加支撑长度和拉结强度；同时木屋盖构件间宜采用木夹板、螺栓、扒钉或8号铁丝连接。

表 7 – 5 – 1　　　　　　楼、屋盖构件的最小支承长度　　　　　　单位：mm

构件名称	预应力圆孔板		木屋架、木梁	对接木龙骨、木檩条		搭接木龙骨、木檩条
位置	墙上	混凝土梁上	墙上	屋架上	墙上	屋架上、墙上
支承长度与连接方式	80（板端钢筋连接并灌缝）	60（板端钢筋连接并灌缝）	240（木垫板）	60（木夹板与螺栓）	120（砂浆垫层、木夹板与螺栓）	满搭

②混凝土预制构件支承处应有坐浆；预制板缝应有混凝土填实，板上应有水泥砂浆面层。

（7）当有圈梁时，圈梁的布置和构造尚应符合下列要求：

①现浇和装配整体式钢筋混凝土楼盖、屋盖可无圈梁；

②圈梁位置与楼盖、屋盖宜在同一标高或紧靠板底；

③外加配筋砂浆带砂浆层的厚度不宜小于40mm，砂浆强度等级不应低于M5；钢丝网水泥砂浆面层中的配筋加强带可代替该位置上的圈梁；与纵墙圈梁有可靠连接的进深梁也可代替该位置上的圈梁。当没有设置圈梁时，应增设圈梁。可采用水平配筋砂浆带或角钢带作为外加圈梁。

7.5.4　易引起局部倒塌的部件及其连接要求

（1）房屋局部尺寸应符合下列要求：

①承重的门窗间墙最小宽度，6、7、8度不应小于1.0m；

②承重外墙尽端至门窗洞边的最小距离，6（7）、8度分别不应小于1.0m、1.2m；

③非承重的外墙尽端至门窗洞边的距离不应小于1.0m；

④内墙阳角至门窗洞边的距离，6（7）、8度分别不应小于1.0m、1.2m。

不符合要求时，应采取加固措施。如可采用加宽窗间墙、增设钢筋混凝土窗框、型钢窗框等措施加固。

（2）后砌隔墙与两侧墙体或柱应有拉结，墙顶还应与梁、板或屋架下弦有拉结措施。对不满足要求的，应采取拉结措施。

7.5.5 石结构房屋抗震、抗风能力评价结论

石结构房屋符合本章各项规定可评为抗震、抗风能力满足要求；当遇下列情况之一时，应评为抗震、抗风能力不满足要求，且要求对房屋采取加固或其他相应措施。

（1）房屋整体性不满足要求。如墙体平面内不闭合，未设置圈梁等。

（2）承重墙体的砌筑砂浆强度不满足要求。

（3）纵横墙交接处连接不符合要求。如纵横墙体没有咬槎砌筑或不连续咬槎砌筑，交接处为通缝或断续通缝；同一高度墙体分别采用不同材料砌筑，如一面墙体为石墙，另一面墙体为砖墙等。

（4）木屋盖构件与墙体没有防止风暴将木屋盖掀翻、刮走的锚固措施。

（5）易损部位或非结构构件的构造不符合要求。

（6）有多项明显不符合本章其他规定的要求。

8　村镇住宅灾后修复与加固技术手册

为了减轻村镇地震、风暴造成的房屋破坏和经济损失，对村镇受损房屋和经抗震、抗风评价有加固价值的房屋，应采取加固措施。村镇房屋加固应本着因地制宜、就地取材、安全合理、经济适用的原则。

本手册适用于 6～9 度地震区和台风多发地区村镇房屋的加固设计与施工。

村镇房屋加固前，应根据房屋所在地区的抗震设防烈度、风暴强度和结构类型进行房屋抗震能力评价，并进行加固经济分析，对有加固价值的，在征得住户同意后可进行抗震加固设计与加固施工。

8.1　村镇受损住宅加固基本要求

8.1.1　修复与加固基本要求

（1）修复与加固方案应根据抗震、抗风评价结果经综合分析确定，主要应加强结构的整体性、加强各构件之间的连接，提高房屋抗震、抗风的能力。

（2）修复与加固方案应便于施工，并应减少对正常生活（生产）的影响。

（3）当房屋有不均匀沉降时，应以加强房屋结构的整体性为主，提高抵抗不均匀沉降的能力。

可采用增设圈梁、配筋砂浆带或钢丝网水泥砂浆面层加固墙体。

（4）新增构件与原有构件应有可靠连接。

（5）加固连接部位的强度和变形能力不应低于被连接构件的强度和变形能力。

（6）修复与加固所用材料与原结构材料相同时，其强度等级不应低于原结构材料的实际强度等级。

（7）修复与加固所用的砌体块材、砂浆和混凝土的强度等级，钢筋、铁丝、钢材等材料的性能指标，应符合国家现行相关标准、规范的要求。

（8）各章节的加固措施可按照本篇第6章"加固方法、加固设计与施工"中的有关内容选用。

8.1.2 抗震、抗风作用计算要求

房屋在地震、风暴作用下，应按以下要求进行抗震、抗风承载能力验算：

（1）对抗震设防烈度不大于6度或风力不大于9级地区的房屋，可不进行墙体抗震和抗风承载力计算，但房屋结构在整体性、节点连接、墙柱连接等应满足抗震、抗风构造措施的要求。

（2）对抗震设防烈度大于6度的房屋，可按国家现行行业标准《镇（乡）村建筑抗震技术规程》JCJ161附录A的方法计算地震作用并验算房屋抗震承载力，或采用查表法，根据结构形式分别由附录B、附录C、附录D、附录E对应表中查取房屋抗震横墙间距和宽度限值。对不满足要求的，应采取加固措施。

（3）对风力大于9级地区的房屋，可将风力级别换算为等效对应的地震作用，并按地震作用的计算方法近似计算风暴作用或查取相应表格进行抗风承载力验算。房屋水平地震作用与风暴水平荷载强度的等效对应关系可按表8-1-1采用。

表8-1-1　　房屋水平地震作用与风暴水平荷载的对应关系

地震烈度（度）	6	7	7.5	8	8.5	9
风力级别（级）	9	10~11	12~13	14	15~16	17

8.1.3 修复与加固施工

修复与加固施工应符合下列要求：

（1）修复与加固施工时应避免或减少损伤原构件；

（2）当发现原结构或构件有严重缺陷时，应在加固过程中一并处理，消除缺陷；

（3）加固施工中局部拆除某些构件可能导致房屋倾斜、开裂或局部倒塌

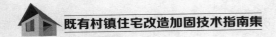
时，应预先进行支撑并采取安全防护措施后再进行加固施工；

（4）墙体裂缝采用压力灌浆技术时，应控制灌浆速度和压力，避免造成墙体其他部位开裂或损伤；

（5）当对屋架采用增加剪刀撑、纵向水平系杆、斜撑、墙揽等抗震、抗风措施时（如图8-1-1、图8-1-2所示），应符合《镇（乡）村建筑抗震技术规程》JCJ161的相关要求；

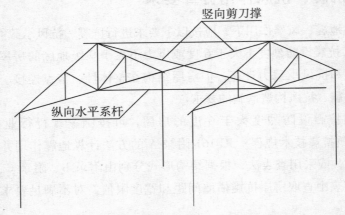

图8-1-1 竖向剪刀撑、纵向水平系杆

图8-1-2 竖向剪刀撑加固，加强房屋纵向刚度

（6）当采用钢拉杆加固时，应符合《建筑抗震加固技术规程》JGJ116的相关要求。

8.2 砌体结构房屋

本章适用于村镇抗震设防烈度为 6～9 度以及台风地区中的烧结普通砖、烧结多孔砖、混凝土小型空心砌块、蒸压灰砂砖和蒸压粉煤灰砖等砌体承重的一、二层木楼（屋）或冷轧带肋钢筋预应力圆孔板楼（屋）盖房屋，包括实心砖墙承重、多孔砖墙承重、混凝土小型空心砌块墙承重、蒸压砖墙承重和空斗砖墙承重房屋。

8.2.1 墙体修复与加固

当房屋墙体裂缝或不满足抗震、抗风承载力要求时，可选择下列修复与加固措施：

（1）拆砌或增设抗侧力墙体：对严重开裂、外闪或强度过低的原墙体可拆除重砌，或新增砌抗侧力墙体；重砌和增设抗侧力墙的结构材料宜采用与原结构相同的砖或小砌块；砌筑砂浆强度应较原墙体的砂浆强度高一级，且不应低于 M2.5；新砌墙体应与原墙体可靠连接。

（2）灌浆修补：对已开裂的实心墙体，可采用压力灌浆修补裂缝，修补后墙体的抗侧力能力，仍按原砌筑砂浆强度等级计算。灌注砂浆宜采用 M10 的水泥砂浆。

（3）面层加固：当墙体开裂或抗侧力能力不满足要求时，可在墙体的一侧或两侧采用水泥砂浆面层、钢丝网水泥砂浆面层加固。面层的砂浆强度等级宜采用 M10。

（4）外加配筋砂浆带加固：当房屋整体抗侧力能力不满足要求时，可在墙体交接处增设竖向外加配筋砂浆带加固。竖向外加配筋砂浆带应与原有圈梁、木梁或屋架下弦连接成整体；当房屋没有设置圈梁时，应同时在屋檐和楼板标高处增设水平外加配筋砂浆带代替圈梁，水平和竖向外加配筋砂浆带应可靠连接。

（5）包角或镶边加固：在柱、墙角或门窗洞边用型钢或钢丝网水泥砂浆面层包角或镶边；柱、墙垛还可用钢丝网水泥砂浆面层套加固。

（6）当抗震设防烈度大于 6 度或风力大于 9 级时，空斗墙与小型空心砌块房屋的墙体的加固应符合下列要求：

①应采用双面钢丝网水泥砂浆面层加固，钢丝网砂浆面层的厚度不宜小于25mm，砂浆强度等级宜采用M10。

②对房屋四角、屋架或梁下、门窗洞口、楼屋盖上下等部位的墙体，当未采用实心砌筑时，应采用水平与竖向外加配筋砂浆带局部加固，外加配筋砂浆带的宽度不应小于240mm，厚度不宜小于40mm，砂浆强度等级不宜小于M10。

8.2.2　房屋整体性修复与加固

当房屋的整体性不满足要求时，可选择以下加固措施：

（1）当墙体布置在平面内不闭合时，可增设墙段或在开口处增设现浇钢筋混凝土框形成闭合系统。

（2）当纵横墙连接较差时，可采用钢拉杆、锚杆或外加圈梁等加固；也可采用外加水平和竖向配筋砂浆带并用钢拉杆将前后墙拉结加固。

（3）当小砌块芯柱设置不符合评定要求时，应增设外加柱；当墙体采用双面钢丝网砂浆面层加固，且在墙体交接处增设相互可靠拉结的外加配筋砂浆带时，可不另设外加柱。

（4）当圈梁设置不符合评定要求时，应增设圈梁；外墙圈梁可采用外加配筋砂浆带，内墙圈梁可用钢拉杆或在进深梁端加锚杆代替；当墙体采用双面钢丝网砂浆面层加固，且在上下两端增设有加强筋砂浆带时，可不另设圈梁。

（5）当同一房屋纵横墙为不同材料（如一侧为砖墙一侧为石墙等）或纵横墙交接处竖向为通缝时，可用M10水泥砂浆灌浆修复，并采用竖向配筋砂浆带加固；灌浆前应将缝隙中的灰渣、杂尘清洗干净。

（6）当预制楼、屋盖不满足抗震评价相关要求时，可增设钢筋混凝土现浇层（叠合层）或增设支托加固楼、屋盖。增设支托可采用角钢等型材；支托的设置位置应垂直于楼、屋面板的纵向，并紧贴板底锚固在承重墙顶。

（7）楼、屋盖构件有位移或支承长度不满足要求时，可增设支托或采取增强楼、屋盖整体性等的措施。

8.2.3　房屋易倒塌部位的加固

对房屋中易倒塌的部位，可选择以下加固措施：

（1）窗间墙宽度过小时，可增设钢筋混凝土窗框、木窗框或采用钢丝网水泥砂浆面层等加固。

（2）支承梁、桁等的墙段有竖向裂缝时，可增设砌体柱或采用外加配筋砂浆带、钢丝网砂浆面层加固。加固前应采用 M10 水泥砂浆灌浆修复裂缝。

（3）对无拉结或拉结不牢的隔墙，可在隔墙端部和顶部采用锚固的木块、铁件、锚筋等加固，当隔墙过长、过高时，可采用钢丝网砂浆面层加固。

（4）山墙、山尖墙应采用墙揽与龙骨、木屋架或檩条拉结（如图 8-2-1、图 8-2-2 所示）；墙揽可采用角铁、梭形铁件或木条等制作；墙揽的长度应不小于 300mm，并应竖向放置。

（5）突出屋面无锚固的烟囱等易倒塌构件的出屋面高度，应符合下列要求或采取加固措施：

①8 度及 8 度以下时不应大于 500mm；

②9 度时不应大于 400mm；

③对震后严重开裂或倒塌的烟囱，可采用 M10 水泥砂浆重新砌筑，且其高度应满足上两款的要求；

④当高度超过要求时，可采用钢丝网水泥砂浆加固，并采取拉结措施。

需要注意的是，坡屋面上的烟囱高度由烟囱的根部上沿算起。

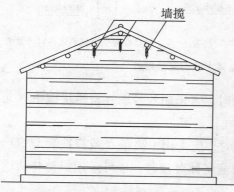

图 8-2-1　山墙与屋架用墙揽连接

图 8-2-2　江西农村房屋山墙与屋架用墙揽连接

8.2.4　木屋盖构件加固

（1）当抗震设防烈度为 7～9 度和风力为 10～17 级时，应对不满足评价要求的木屋盖系统进行加固，并应符合下列要求：

①当采用钢丝网或外加配筋砂浆带加固墙体时，应将钢丝网或配筋砂浆带中的钢丝（或钢筋）与木梁或木屋架的两端拉结牢固；否则，木梁或木屋架两端宜采用φ6钢筋或8号铁丝与墙体1/2高度处的埋墙铁件拉结牢固。采取这项措施是为了避免风暴将木屋盖掀翻或刮走。

②当檩条（龙骨）在木梁或屋架上弦为搭接时，宜先将两檩条（龙骨）采用扒钉连接，再采用8号铁丝将檩条（龙骨）与木梁或屋架绑扎牢固（如图8-2-3（a）所示）。

③当檩条（龙骨）在木梁或屋架上弦对接时，应采用木夹板（或扁铁）与螺栓将檩条（龙骨）的端部连接牢固如图8-2-3（b）所示；当为燕尾榫对接时，也可采用扒钉将两檩条（龙骨）的端部钉牢（如图8-2-3（c）所示）。

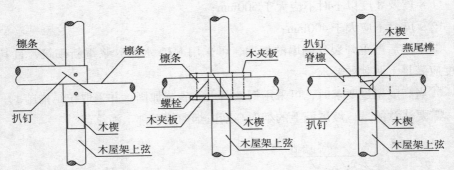

（a）檩条在屋架上弦搭接做法 （b）檩条在屋架上弦对接做法 （c）檩条在屋架上弦燕尾榫对接做法

图8-2-3 檩条在屋架上弦的连接措施

④当檩条（龙骨）在山尖墙为搭接时，宜采用8号铁丝将搭接檩条（龙骨）绑扎牢固；也可采用扒钉将檩条或龙骨钉牢。

⑤当檩条（龙骨）在山尖墙为对接时，应采用木夹板（或扁铁）与螺栓将檩条（龙骨）的端部连接牢固；当为燕尾榫对接时，也可采用扒钉将两檩条（龙骨）的端部钉牢。

⑥当椽子与檩条连接较弱时，宜采用8号、10号铅丝将椽子与檩条绑扎牢固。

（2）楼、屋盖木构件加固时，应符合下列要求：

①木构件截面不符合评定要求或明显下垂时，应增设构件加固，增设的构件应与原有的构件可靠连接。

②木构件腐朽、疵病、严重开裂而丧失承载能力时，应更换或增设构件加固；更换的构件的截面尺寸应不小于原构件的尺寸；增设的构件应与原构件可靠连接；木构件裂缝时可采用铁箍或铁丝绑扎加固。

③当檩条（龙骨）支承长度不满足要求时，可采取增设支托或夹板、扒钉连接。

④尽端山墙与檩条、龙骨无拉结时，宜增设墙揽拉结。

8.3 木结构房屋

本章适用于村镇中的木结构承重房屋，包括穿斗木构架、木柱木屋架、木柱木梁承重，砖、生土、小砌块围护墙和石围护墙，木楼（屋）盖房屋。

木结构房屋的抗震、抗风加固，主要应加强木构架与围护墙体（含隔墙，以下同）的拉结，使两者能够共同工作，抵抗地震、风暴水平力的作用。可根据地震烈度、风暴级别和房屋现状等实际情况，对围护墙增设水平和竖向外加配筋砂浆带加强房屋的整体性，加强木柱与围护墙的连接、加固木构架、加强木构件连接、增设柱间支撑、增砌抗侧力墙等措施。增设的柱间支撑或抗侧力墙在平面内应均匀布置。

8.3.1 围护墙体修复与加固

当房屋墙体出现裂缝或不满足地震、风暴作用下的承载力要求时，宜选择下列修复与加固措施：

（1）当围护墙为生土墙时，围护墙的加固可采用生土结构房屋墙体的加固方法；当围护墙为非生土墙时，围护墙的加固可采用砌体结构房屋及石结构房屋的加固方法。

（2）当房屋抗侧力能力不满足要求，需要新增抗侧力墙时，新增抗侧力墙体除应符合 8.2 相关要求外，尚应在墙体两端采用 $\phi6$ 钢筋或 8 号铁丝与木柱拉结牢固。

8.3.2 房屋整体性修复与加固

当房屋的整体性不满足要求时，可选择下列加固措施：

（1）围护墙应沿墙高每隔 750mm 左右采用墙揽、$\phi6$ 钢筋或 8 号铁丝将围护墙体与木柱绑扎牢固（如图8-3-1所示）。

（2）当围护墙采用钢丝网水泥砂浆面层、外加配筋砂浆带加固时，应沿墙高每隔750mm左右采用8号铁丝将面层中的钢筋（钢丝）与木柱绑扎牢固。

（3）当围护墙体布置在平面内不闭合时，可在墙体开口处设置竖向外加配筋砂浆带，并沿墙高每隔500mm左右采用8号铁丝将砂浆带中的纵向钢筋与木柱拉结牢固。

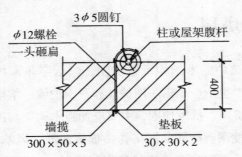

图8-3-1　围护墙采用墙揽与木柱拉结

（4）沿房屋纵横向，在木柱与梁之间、木柱与屋架之间、木柱与龙骨（檩条）之间增设木（或铁件）斜撑，并用对穿螺栓连接牢固（如图8-3-2、图8-3-3所示）。

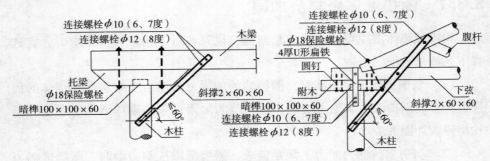

图8-3-2　增设斜撑加固木柱与木梁（木屋架）的连接

（5）当楼（屋）盖构件支承长度不满足要求时，可增设支托或采取增强楼、屋盖整体性的加固措施；支托可采用方木或角钢等；支托的设置位置应垂直于龙骨纵向，并紧贴龙骨底面锚固在承重木梁上。

（6）当檩条在梁、屋架、穿斗木构架柱头上采用对接时，檩条与檩条之间应采用木夹板（扁铁）和螺栓连接，且檩条与梁、屋架上弦、穿斗木构架

图 8 - 3 - 3   云南村镇木结构房屋在梁柱间用斜撑加固（陶忠提供）

柱头应采用扒钉、铁件或铁丝连接，椽子与檩条间宜采用铁钉钉牢或铁丝绑扎。

（7）当圈梁设置不符合评定要求时，应增设圈梁；围护墙圈梁可采用外加配筋砂浆带，内墙圈梁可用进深梁端加锚杆代替。

（8）当穿斗木构架的穿枋在木柱中不连续时，可采用扁铁、螺栓加固（如图 8 - 3 - 4 所示）。

图 8 - 3 - 4   云南村镇民宅穿枋在木柱中不连续时，用扁钢加固

8.3.3   房屋易倒塌部位的加固

对房屋中易倒塌的部位，宜选择下列加固措施：

（1）对无拉结措施或拉结不牢的隔墙，可在隔墙端部和顶部采用锚固的铁件、锚筋等加固，当隔墙过长、过高时，可采用钢丝网水泥砂浆面层加固。

（2）山墙、山尖墙应采用墙揽与木屋架或檩条（龙骨）拉结（图8-2-1）；墙揽可采用角铁、梭形铁件或方木等制作；墙揽的长度应不小于300mm，并应竖向放置。

（3）当端开间山墙内侧未设置木构架，即采用硬山搁檩时，宜采用墙揽将山墙与檩条（龙骨）连接牢固。

（4）突出屋面无锚固的烟囱等易倒塌构件的出屋面高度，应符合下列要求或采取加固措施：

①8度及8度以下时不应大于500mm；

②9度时不应大于400mm；

③对震后严重开裂或倒塌的烟囱，可采用M10水泥砂浆重新砌筑，且其高度应满足上两款的要求；

④当高度超过要求时，可采用钢丝网水泥砂浆加固，并采取拉结措施。

需要注意的是，坡屋面上的烟囱高度由烟囱的根部上沿算起。

8.3.4 木构架加固与修复

木构架的加固应符合下列要求：

（1）当木构架因受灾（地震或台风）或构造形式不合理而发生倾斜，倾斜度超过柱直径或边长的1/3且有明显拔榫时，应先打牮拨正，后用铁件加固连接节点；也可在柱间增设抗侧力墙、柱间支撑加固。

（2）穿斗木构架的穿枋在柱中不连续或有拔榫现象时，应采用铁件和螺栓加固；当榫槽截面占柱截面大于1/3时，应采用钢板条、扁钢箍、木夹板等措施加固。

（3）房屋底层应在端开间及隔开间的柱间采用斜撑或剪刀撑加固，加固的斜撑或剪刀撑布置应均匀对称。

（4）当木柱柱脚与柱基础无连接时，宜采用铁件加固。

木构件修复应符合下列要求：

（1）当水平承重木构件明显下挠时，应增设构件加固，增设的构件应与原有构件可靠连接。

（2）木构件腐朽、严重开裂而丧失承载能力时，应更换或增设构件加固；更换构件的截面尺寸应不小于原构件的尺寸；更换及增设的构件应与原构件可靠连接；承重木构件更换前，应提前采取可靠的支撑措施，保证施工过程中的安全。

（3）木构件出现不严重影响承载力的裂缝时可采用铁箍或铁丝绑扎加固。

（4）当木柱柱脚腐朽时，可采用下列方法加固：

①更换柱脚：更换柱脚可采用拍巴掌榫与原木柱连接，拍巴掌榫连接区段应采用铁套箍加固（如图8－3－5所示）；也可采用铁件与8号铁丝捆扎加固，8号铁丝在拍巴掌榫连接区段内应不少于两道，每道不应少于4匝。

②采用墩接：也可增设混凝土墩（如图8－3－5、图8－3－6所示）、石墩或砖墩连接木柱，砖墩的砂浆强度等级不应低于M10；木柱与混凝土墩、石墩或砖墩应采用铁件连接牢固。

木柱柱脚加固前，应采取可靠的支顶措施，卸载后再加固。

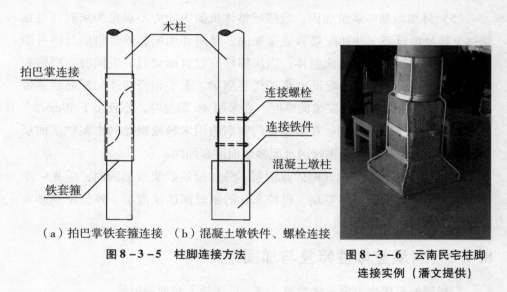

（a）拍巴掌铁套箍连接　（b）混凝土墩铁件、螺栓连接

图8－3－5　柱脚连接方法　　　　　**图8－3－6　云南民宅柱脚**
连接实例（潘文提供）

8.4　生土结构房屋

本章适用于抗震设防烈度6~8度地区以及台风地区的生土结构房屋，包括土坯墙、夯土墙承重的一、二层木楼（屋）盖房屋。

8.4.1　墙体修复与加固

房屋墙体出现裂缝或不满足地震、风暴作用下的承载力要求时，可选择下列修复与加固措施：

（1）拆砌或增设抗侧力墙体：对土坯或夯土墙体，当有严重空鼓或外闪时，可拆除重砌或新增砌抗侧力作用的墙体；重砌和增设抗侧力墙的结构材料宜采用与原结构相同的材料；新砌墙体应与原墙体可靠连接。

（2）当内外墙无拉结时，宜采用增设钢拉杆、锚杆、扶墙垛等方法加固。

（3）灌浆修补：对已开裂的墙体，可采用灌浆（塞浆）修补裂缝，修补后墙体的抗侧力能力，仍按原砌筑泥浆强度等级考虑。灌浆可采用掺入少量水泥或石灰的黏土泥浆。

（4）面层加固：当墙体抗侧力能力不满足要求时，可在墙体的两侧采用水泥砂浆面层、钢丝网水泥砂浆面层加固。面层的砂浆强度等级宜不低于 M5。

（5）外加配筋砂浆带加固：当房屋整体抗侧力能力不满足要求时，可在墙体交接处增设竖向外加配筋砂浆带加固。竖向外加配筋砂浆带应与原有圈梁、木梁或屋架下弦连接成整体；当房屋没有设置圈梁时，应同时在屋檐和楼板标高处增设水平外加配筋砂浆带代替圈梁，水平和竖向外加配筋砂浆带应可靠连接。外加配筋砂浆带的厚度，当采用 φ6 钢筋时，不宜小于 40mm；

（6）包角或镶边加固：在墙角或门窗洞边用木料或钢丝网水泥砂浆面层包角或镶边；墙垛还可用钢丝网水泥砂浆面层套加固。

（7）当生土墙采用钢丝网砂浆面层、外加配筋砂浆带加固时，应先铲除生土墙面层，露出原墙体基层，再按 8.6 的钢丝网砂浆面层、外加配筋砂浆带加固方法进行加固施工。

8.4.2 房屋整体性修复与加固

当房屋的整体性不满足评价要求时，可选择下列加固措施：

（1）当纵横墙连接较差时，可采用钢拉杆、锚杆或外加木圈梁、外加配筋砂浆带圈梁等加固；也可采用水平和竖向外加配筋砂浆带并用钢拉杆将前后墙拉结加固。

（2）楼、屋盖构件有位移或支承长度不满足要求时，可增设支托或采取增强楼、屋盖整体性等措施。

（3）当圈梁设置不符合评定要求时，应增设圈梁；外墙圈梁可采用外加配筋砂浆带，内墙圈梁可用钢拉杆或在进深梁端加锚杆代替；当采用双面钢丝网砂浆面层加固，且在上下两端增设有加强筋砂浆带时，可不另设圈梁。

（4）当同一房屋纵横墙为不同材料（如一侧为生土墙一侧为砖或石墙等）或纵横墙交接处竖向为通缝时，可采用掺入少量水泥或石灰的黏土泥浆灌浆修复，并采用竖向配筋砂浆带加固；灌缝前应将缝隙中的灰渣、杂尘清理干净。

8.4.3　房屋易倒塌部位的加固

对房屋中易倒塌的部位，可选择下列加固措施：

（1）窗间墙宽度过小时，可增设木窗框或采用钢丝网水泥砂浆面层等加固。

（2）支承梁、桁等的墙段有竖向裂缝时，可增设砌体柱或采用外加配筋砂浆带、钢丝网砂浆面层加固。加固前应采用掺入少量水泥或石灰的黏土泥浆灌缝。

（3）对无拉结或拉结不牢的隔墙，可在隔墙端部和顶部采用锚固的铁件、锚筋等加固，当隔墙过长、过高时，可采用钢丝网砂浆面层加固。

（4）山墙、山尖墙应采用墙揽与龙骨、木屋架或檩条拉结；墙揽可采用角铁、梭形铁件或木条等制作；墙揽的长度应不小于300mm，并应竖向放置。

（5）当突出屋面无锚固烟囱出屋面的高度大于500mm时，应采取下列加固措施：

①对震后严重开裂或倒塌的烟囱，可采用M10水泥砂浆重新砌筑，且其高度不应大于500mm；

②当高度超过要求时，可采用钢丝网水泥砂浆加固，并采取拉结措施。

需要注意的是，坡屋面上的烟囱高度由烟囱的根部上沿算起。

8.4.4　木屋盖构件加固

（1）当抗震设防烈度为7、8度和风力为10～17级时，应对不满足评价要求的木屋盖系统进行加固，并应符合下列要求：

①当采用钢丝网或外加配筋砂浆带加固墙体时，应将钢丝网或配筋砂浆带中的钢丝（或钢筋）与木梁或木屋架的两端拉结牢固；否则，木梁或木屋架两端宜采用 $\phi6$ 钢筋或8号铁丝与墙体1/2高度处的埋墙铁件拉结牢固。采取这项措施是为了避免风暴将木屋盖掀翻或刮走。

②当檩条（龙骨）在木梁或屋架上弦为搭接时，宜先将两檩条（龙骨）采用扒钉连接，再采用 8 号铁丝将檩条（龙骨）与木梁或屋架上一同弦绑扎牢固。

③当檩条（龙骨）在木梁或屋架上弦对接时，应采用木夹板（或扁铁）与螺栓将檩条（龙骨）的端部连接牢固；当为燕尾榫对接时，也可采用扒钉将两檩条（龙骨）的端部钉牢。

④当檩条（龙骨）在山尖墙为搭接时，宜采用 8 号铁丝将搭接檩条（龙骨）绑扎牢固；也可采用扒钉将檩条或龙骨钉牢。

⑤当檩条（龙骨）在山尖墙为对接时，应采用木夹板（或扁铁）与螺栓将檩条（龙骨）的端部连接牢固；当为燕尾榫对接时，也可采用扒钉将两檩条（龙骨）的端部钉牢。

⑥当椽子与檩条连接较弱时，宜采用 8 号、10 号铅丝将椽子与檩条绑扎牢固。

（2）楼、屋盖木构件加固时，应符合下列要求：

①木构件截面不符合评定要求或明显下垂时，应增设构件加固，增设的构件应与原有的构件可靠连接。

②木构件腐朽、严重开裂而丧失承载能力时，应更换或增设构件加固；更换构件的截面尺寸应不小于原构件的尺寸；增设的构件应与原构件可靠连接；木构件裂缝时可采用铁箍或铁丝绑扎加固。

③当檩条（龙骨）支承长度不满足要求时，可采取增设支托或木夹板、扒钉连接。

④尽端山墙与檩条、龙骨无拉结时，宜增设墙揽的拉结。

8.5　石结构房屋

本章适用于村镇 6 ~ 8 度以及台风地区石墙承重房屋，包括料石、平毛石砌体承重的一、二层木楼（屋）盖或冷轧带肋钢筋预应力圆孔板楼（屋）盖房屋。

石结构房屋的抗震加固，可根据地震烈度、风暴级别和房屋现状等实际情况，对石墙体采取增设水平和竖向外加配筋砂浆带加强房屋的整体性、增砌抗侧力墙和扶壁柱等措施。

8.5.1 墙体修复与加固

当房屋墙体出现裂缝或不满足地震、风暴作用下的承载力要求时，可选择以下加固措施：

（1）拆砌或增设抗侧力墙体：对采用黏土泥浆砌筑的平毛石原墙体，当有严重空臌或外闪时，可拆除重砌，或新增砌抗侧力作用的墙体；重砌和增设抗侧力墙的结构材料宜采用与原结构相同的石料；新砌墙体应与原墙体可靠连接。

（2）当料石墙体内外墙无咬砌时，宜采用增设钢拉杆、锚杆或增设扶墙垛等方法加固。

（3）灌浆修补：对已开裂的石墙体，可采用压力灌浆修补裂缝，修补后墙体的抗侧力能力，仍按原砌筑砂浆强度等级计算。灌注砂浆强度等级宜采用 M10。

（4）面层加固：当墙体抗侧力能力不满足要求时，可在墙体的一侧或两侧采用水泥砂浆面层、钢丝网水泥砂浆面层加固。面层的砂浆强度等级宜采用 M10。

（5）外加配筋砂浆带加固：当房屋整体抗侧力能力不满足要求时，可在墙体交接处增设竖向外加配筋砂浆带加固。竖向外加配筋砂浆带应与原有圈梁、木梁或屋架下弦连接成整体；当房屋没有设置圈梁时，应同时在屋檐和楼板标高处增设水平外加配筋砂浆带代替圈梁，水平和竖向外加配筋砂浆带应可靠连接。外加配筋砂浆带的厚度，当采用 $\phi 6$ 钢筋时，不宜小于 40mm。

（6）包角或镶边加固：在柱、墙角或门窗洞边用型钢或钢丝网水泥砂浆面层包角或镶边；柱、墙垛还可用钢丝网水泥砂浆面层套加固。

（7）当石墙采用钢丝网砂浆面层、外加配筋砂浆带加固措施时，应先铲除石墙面层，露出原墙体基层，再按 8.6 的钢丝网砂浆面层、外加配筋砂浆带加固方法进行加固。

8.5.2 房屋整体性修复与加固

当房屋的整体性不满足要求时，可选择以下加固措施。

（1）当墙体布置在平面内不闭合时，可增设墙段或在开口处增设现浇钢筋混凝土框形成闭合。

（2）当纵横墙连接较差时，可采用钢拉杆、锚杆、外加柱或外加圈梁等加固；也可采用水平和竖向外加配筋砂浆带并用钢拉杆将前后墙拉结加固。

（3）当圈梁设置不符合评定要求时，应增设圈梁；外墙圈梁可采用外加配筋砂浆带，内墙圈梁可用钢拉杆或在进深梁端加锚杆代替；当采用双面钢丝网砂浆面层加固，且在上下两端增设有加强筋砂浆带时，可不另设圈梁。

（4）当同一房屋纵横墙为不同材料（如一侧为砖墙一侧为石墙等）或纵横墙交接处竖向为通缝时，可用 M10 水泥砂浆灌浆修复，并采用竖向配筋砂浆带加固；灌浆前应将缝隙中的灰渣、杂尘清理干净。如当同一房屋纵横墙为不同材料（如一侧为石墙一侧为砖、土墙等）时，可先用水泥砂浆灌缝，再用钢丝网水泥砂浆面层加固。

（5）当预制楼、屋盖不满足相关抗震评价要求时，可增设钢筋混凝土现浇层或增设支托加固楼、屋盖。支托可采用角钢等型材；增设支托的设置位置应垂直于楼、屋面板的纵向，并紧贴板底锚固在承重墙顶。

（6）楼、屋盖构件有位移或支承长度不满足要求时，可增设支托或采取增强楼、屋盖整体性等的措施。

8.5.3 房屋易倒塌部位的加固

对房屋中易倒塌的部位，可选择以下加固措施：

（1）窗间墙宽度过小时，可增设钢筋混凝土窗框、外加配筋砂浆带或采用钢丝网水泥砂浆面层等加固。

（2）支承梁、桁等的墙段有竖向裂缝时，可增设砌体柱或采用外加配筋砂浆带、钢丝网砂浆面层加固。加固前应采用 M10 水泥砂浆灌浆修复裂缝。

（3）对无拉结或拉结不牢的隔墙，可在隔墙端部和顶部采用锚固的铁件、锚筋等加固，当隔墙过长、过高时，可采用钢丝网砂浆面层加固。

（4）山墙、山尖墙应采用墙揽与龙骨、木屋架或檩条拉结；墙揽可采用角铁、梭形铁件或木条等制作；墙揽的长度应不小于 300mm，并应竖向放置。

（5）当突出屋面无锚固烟囱出屋面的高度大于 500mm 时，应采取下列加固措施：

①对震后严重开裂或倒塌的烟囱，可采用 M10 水泥砂浆重新砌筑，且其

高度不应大于 500mm；

②当高度超过要求时，可采用钢丝网水泥砂浆加固，并采取拉结措施。

需要注意的是，坡屋面上的烟囱高度由烟囱的根部上沿算起。

8.5.4 木屋盖构件加固

（1）当抗震设防烈度为 7、8 度和风力为 10 ~ 17 级时，应对不满足评价要求的木屋盖系统进行加固，并应符合下列要求：

①当采用钢丝网或外加配筋砂浆带加固墙体时，应将钢丝网或配筋砂浆带中的钢丝（或钢筋）与木梁或木屋架的两端拉结牢固；否则，木梁或木屋架两端宜采用 $\phi6$ 钢筋或 8 号铁丝与墙体 1/2 高度处的埋墙铁件拉结牢固。采取这项措施是为了避免风暴将木屋盖掀翻或刮走。

②当檩条（龙骨）在木梁或屋架上弦为搭接时，宜先将两檩条（龙骨）采用扒钉拉结，再采用 8 号铁丝将檩条（龙骨）与木梁或屋架上一同弦绑扎牢固。

③当檩条（龙骨）在木梁或屋架上弦对接时，应采用木夹板（或扁铁）与螺栓将檩条（龙骨）的端部连接牢固；当为燕尾榫对接时，也可采用扒钉将两檩条（龙骨）的端部钉牢。

④当檩条（龙骨）在山尖墙为搭接时，宜采用 8 号铁丝将搭接檩条（龙骨）绑扎牢固；也可采用扒钉将檩条或龙骨钉牢。

⑤当檩条（龙骨）在山尖墙为对接时，应采用木夹板（或扁铁）与螺栓将檩条（龙骨）的端部连接牢固；当为燕尾榫对接时，也可采用扒钉将两檩条（龙骨）的端部钉牢。

⑥当椽子与檩条连接较弱时，宜采用 8 号、10 号铅丝将椽子与檩条绑扎牢固。

（2）楼、屋盖木构件加固时，应符合下列要求：

①木构件截面不符合评定要求或明显下垂时，应增设构件加固，增设的构件应与原有的构件可靠连接。

②木构件腐朽、严重开裂而丧失承载能力时，应更换或增设构件加固；更换的构件的截面尺寸应不小于原构件的尺寸；增设的构件应与原构件可靠连接；木构件裂缝时可采用铁箍或铁丝绑扎加固。

③当檩条（龙骨）支承长度不满足要求时，可采取增设支托或夹板、扒

钉连接。

④尽端山墙与檩条、龙骨无拉结时，宜增设墙揽的拉结。

8.6 加固方法、加固设计与施工

8.6.1 水泥砂浆面层和钢丝网砂浆面层加固

8.6.1.1 钢丝网砂浆面层加固的一般要求

（1）挂钢丝网的锚固筋应采用梅花状布置并锚固于墙体上。

（2）钢丝网四周宜采用 $\phi6$ 钢筋锁边，钢丝网与 $\phi6$ 锁边钢筋绑扎。

（3）钢丝网四周宜采用 $\phi6$ 锚筋、插入短筋等与墙体、楼板等构件可靠连接，锚筋、插入短筋应与锁边钢筋绑扎。

（4）钢丝网外保护层厚度不应小于 15mm，钢丝网片与墙面的空隙不应小于 5mm。

8.6.1.2 面层加固墙体的设计要求

（1）当面层加固用于提高墙体的抗剪能力时，原砌体实际的砌筑砂浆强度等级不宜高于 M2.5。

对砂浆强度等级在 M5 及以上墙体，面层加固对提高墙体抗剪能力的效果不明显。但对墙体平面外抗弯能力提高是显著的。

（2）面层的材料和构造尚应符合下列要求：

①面层的水泥砂浆强度等级宜采用 M10；可采用水灰比为 1 : 4 的水泥砂浆（32.5 水泥）。

②素水泥砂浆面层厚度宜采用 20 ~ 25mm；钢丝网砂浆面层的厚度宜为 25 ~ 30mm。

③钢丝网的钢筋直径可为 4mm（8 号铁丝）、3.3mm（10 号铅丝）或 2.7mm（12 号铅丝）、2.0mm（14 号铅丝）等；网格尺寸，钢筋直径为 4mm（8 号铁丝）时，实心墙宜为 150mm×150mm 或 200mm×200mm，空斗墙宜为 100mm×100mm 或 150mm×150mm；直径较大时网格可较大，直径较小时网格应适当加密。

④单面面层加固的钢丝网应采用 $\phi4$ 的 L 形锚筋与墙体锚固，双面面层加固的钢丝网应采用 $\phi4$ 的 S 形穿墙筋连接；L 形锚筋的间距宜不大于 600mm，

S形穿墙筋的间距宜不大于1000mm，呈梅花状交错布置。

⑤钢丝网的横向钢筋遇有门窗洞口时，单面加固宜将钢筋弯入洞口侧边锚固，双面加固宜将两侧的横向钢筋在洞口处闭合。

⑥底层的面层，在室外（室内）地面下宜加厚并伸入地面以下不小于200mm。面层可不用另设基础，但应伸入到地面以下至少200mm。

（3）面层中的钢丝网应与木屋盖的木梁、屋架下弦、檐檩或椽条等构件连接牢固（如图8－6－1所示）。

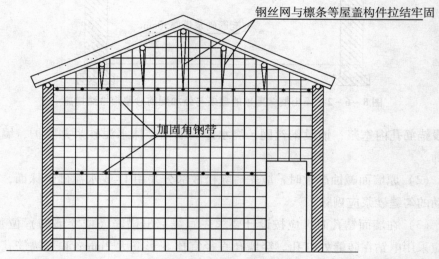

图8－6－1 钢丝网与木屋盖的木梁、屋架下弦、檐檩或椽条等构件连接牢固

砌体承重房屋的承重方式有：纵墙承重、横墙承重或混合承重。纵墙承重是采用木屋架屋盖形式，将屋架搁置在纵墙上；横墙承重是将檩条直接搁在山墙上，称为硬山搁檩屋盖形式。混合承重通常为中间设屋架搁置在纵墙上，外山墙或个别内山墙处硬山搁檩。村镇房屋的屋盖构件大多浮搁在墙体上，不采取任何拉结措施，在地震、台风等作用下往往破坏严重。这里提出的拉结措施对抗御台风的破坏可起到有效作用。

当面层中不采用钢丝网时（素水泥砂浆面层），可用8号铁丝将木檩条与外加配筋砂浆带中的预埋件拉结，8号拉结铁丝可抹入砂浆层中（如图8－6－2所示）。

8.6.1.3 钢丝网水泥砂浆面层加固的施工要求

（1）钢丝网面层宜按下列顺序施工：原有墙面清底、钻孔并用水冲刷；

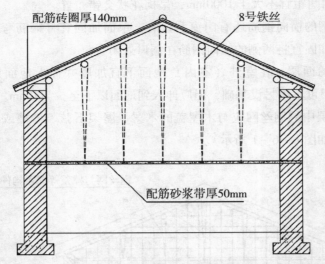

图8-6-2　硬山搁檩屋盖的檩条与外加配筋砂浆带拉结措施

安设锚筋孔内塞浆；铺设钢丝网，浇水湿润墙面，抹水泥砂浆并养护，墙面装饰。

（2）原墙面碱蚀严重时，应先清除松散部分并用1:3水泥砂浆抹面，已松动的勾缝砂浆应剔除。

（3）在墙面钻孔时，应按设计要求先画线标出锚筋（或穿墙筋）位置，并应采用电钻在砖缝处打孔。穿墙孔直径宜比S形筋大2mm；L形锚筋孔直径宜采用锚筋直径的1.5~2.5倍，L形锚筋孔深宜为100~120mm；锚筋插入孔洞后可采用水泥基灌浆料或M10水泥砂浆等填实。

（4）铺设钢丝网时，竖向钢筋应靠墙面并采用φ6钢筋头垫起。

（5）抹水泥砂浆时，应分层抹灰，且每层厚度不应超过15mm。

（6）面层应浇水养护，防止阳光曝晒，冬季应采取防冻措施。

8.6.2　增设抗侧力墙加固

8.6.2.1　增设砌体抗侧力墙加固房屋的设计要求

（1）砌筑砂浆的强度等级应比原墙体实际强度等级高一级，且不应低于M2.5。

（2）墙厚不应小于190mm。

（3）墙体中宜设置配筋砂浆带或配筋砖圈梁加强，并应符合下列要求：

①配筋砂浆带：可沿墙高每隔 1.0m 左右设置与墙等宽、厚度不小于 50mm 的配筋砂浆带；配筋砂浆带的纵向钢筋，240mm 砖墙可采用 2ϕ6，370mm 砖墙可采用 3ϕ6；横向系筋可采用 ϕ6，其间距宜为 200mm。

②配筋砖圈梁：可沿墙高每隔 1.0m 左右设置与墙等宽、厚度不小于 30mm 的配筋砖圈梁；配筋砖圈梁的纵向钢筋，240mm 砖墙可采用 2ϕ6370mm 砖墙可采用 3ϕ6。

配筋砂浆带、配筋砖圈梁也可采用焊接钢丝网片，配筋网片砂浆层的厚度不宜小于 30mm，网片的纵向钢筋可采用 3ϕ4，横向系筋可采用 ϕ4，其间距宜为 150mm。

（4）墙顶应设置配筋砂浆带，并与楼、屋盖的梁（板）、屋架下弦等可靠连接；可沿水平每隔 500～700mm 设置 ϕ12 的锚筋或 M12 锚栓连接。

（5）抗侧力墙应与原有墙体宜采用以下拉结措施：

①可沿墙体高度每隔 1.0m 左右、在配筋砂浆带或钢丝网片处设置 ϕ6 且长度不小于 750mm 的钢筋与原有墙体用螺栓或锚筋拉结。

②也可在新砌墙与原墙间加现浇钢筋混凝土内柱，柱顶应与墙顶配筋砂浆带连接，现浇柱与原墙应沿墙高每隔 500mm 左右采用锚筋、销键等方式连接。

（6）抗侧力墙应有基础，基础埋深宜与相邻抗侧力墙相同，基础宽度不应小于原墙基础的宽度。

8.6.2.2 增设砌体抗侧力墙的施工要求

（1）配筋砂浆带和配筋砖圈梁的砂浆层应压抹密实，其中的钢筋或钢丝网应完全包裹在砂浆层中，不得露筋。

配筋砖圈梁和配筋砂浆带中的钢筋应完全包裹在砂浆中，如果钢筋暴露在空气中或砂浆不密实，空气中的水分和二氧化碳易于渗入，日久将使钢筋锈蚀，失去作用。在设有纵横墙连接钢筋的灰缝处，强度等级高、抹压密实的勾缝砂浆可有效保护钢筋。

（2）配筋砂浆带和配筋砖圈梁中的钢筋弯钩应为 180 度。

（3）埋入砖砌体中的拉结筋，应位置准确、平直，其外露部分在施工中不得任意弯折；设有拉结筋的水平灰缝应密实，不得露筋。

（4）新增砌体抗侧力墙施工中，配筋砂浆带终凝后方可在其上继续砌筑。

8.6.3 外加配筋砂浆带加固

8.6.3.1 外加配筋砂浆带加固的一般要求

（1）外加配筋砂浆带应在房屋四角和纵横墙交接处竖向设置，当原房屋没有圈梁时，还应在楼屋盖高度处沿水平增设，以代替圈梁（如图 8-6-3、图 8-6-4 所示）；外加竖向配筋砂浆带应与水平配筋砂浆带或原房屋的圈梁、现浇楼板或钢拉杆相互连接形成闭合系统。

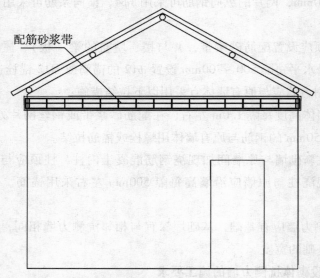

图 8-6-3　外加配筋砂浆带圈梁

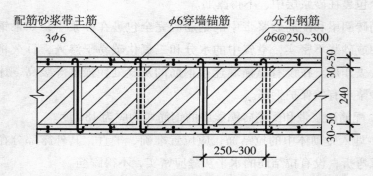

图 8-6-4　外加双面配筋砂浆带圈梁剖面

（2）挂钢筋网的锚固筋应采用梅花状布置并锚固于墙体上。

（3）外加配筋砂浆带宜采用 $\phi6$ 锚筋、插入短筋等与墙体、楼板等构件可靠连接，锚筋、插入短筋应与纵向钢筋绑扎。

（4）外加配筋砂浆带外保护层厚度不应小于 20mm，与墙面的空隙宜为 6mm。可采用 $\phi6$ 钢筋头垫起。

（5）代替圈梁的水平外加配筋砂浆带在楼、屋盖平面内应闭合，在阳台、楼梯间等楼板标高变换处应有局部加强措施；当房屋设有变形缝时，两侧的外加配筋砂浆带应分别闭合。

（6）内横墙楼、屋盖高度处的水平外加配筋砂浆带可用钢拉杆或型钢代替。

8.6.3.2　外加配筋砂浆带加固墙体的设计要求

（1）外加配筋砂浆带的材料和构造尚应符合下列要求：

①外加配筋砂浆带的砂浆强度等级宜采用 M10。

②外加配筋砂浆带纵向钢筋直径宜采用 4 ~ 6mm。

③外加配筋砂浆带的厚度，当采用 $\phi6$ 钢筋时，不宜小于 40mm。

④单面外加配筋砂浆带应采用 $\phi6$（或 $\phi4$）的 L 形锚筋与墙体锚固，双面外加配筋砂浆带应采用 $\phi6$（或 $\phi4$）的 S 形穿墙筋连接；L 形锚筋的间距宜不大于 600mm，S 形穿墙筋的间距宜不大于 1000mm，锚筋应交错布置。

⑤外加配筋砂浆带的宽度不应小于 240mm；纵向钢筋的间距宜为 150mm，横向系筋的间距可采用 200 ~ 300mm。

（2）外加配筋砂浆带中的钢筋应与木屋盖的木梁、屋架下弦、檐檩或椽条等构件连接牢固。采取这项措施是为了避免地震、风暴将木屋盖掀翻、刮走。

（3）竖向外加配筋砂浆带可不另设基础，但在室外（室内）地面以下位置应加厚，并伸入地面以下不应小于 300mm。

8.6.3.3　外加配筋砂浆带加固的施工要求

（1）外加配筋砂浆带宜按下列顺序施工：原有墙面清底、钻孔并用水冲刷，安设锚筋孔内塞浆，铺设钢筋网；浇水湿润墙面；抹水泥砂浆并养护；墙面装饰。

（2）原墙面碱蚀严重时，应先清除松散部分并用 1:3 水泥砂浆抹面，已松动的勾缝砂浆应剔除。

（3）在墙面钻孔时，应按设计要求先画线标出锚筋（或穿墙筋）位置，并应采用电钻在砖缝处打孔；穿墙孔直径宜比 S 形筋大 2mm；L 形锚筋孔直径宜采用锚筋直径的 1.5～2.5 倍，L 形锚筋孔深宜为 100～120mm；锚筋插入孔洞后可采用水泥基灌浆料、M10 水泥砂浆等填实。

（4）铺设外加配筋砂浆带钢筋时，受力主筋（竖向砂浆带的竖向钢筋或水平砂浆带的水平钢筋）应靠墙面并采用 φ6 钢筋头垫起。

（5）抹水泥砂浆时，应先在墙面刷水泥浆一道再分层抹灰且每层厚度不应超过 15mm；砂浆应压抹密实，钢筋网背面（朝墙面）不得有空隙。

（6）面层应浇水养护，防止阳光曝晒，冬季应采取防冻措施。

8.6.4　外加角钢带加固

8.6.4.1　外加角钢带加固的一般要求

当原房屋没有圈梁时，可在楼屋盖高度处沿水平增设外加角钢带代替圈梁（如图 8－6－5 所示）；当 8 度为空斗墙房屋和 9 度时尚应在层高的中部设置一道。

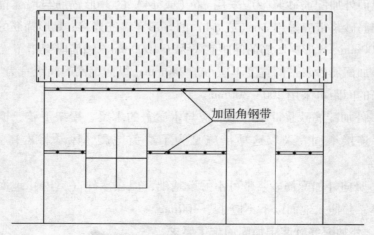

图 8－6－5　外加角钢带示意图

8.6.4.2　外加角钢带加固墙体的设计要求

（1）外加角钢带的材料和构造尚应符合下列要求：

①外加角钢带可采用 L50×50×5 的等边角钢或截面不小于此型号的不等边角钢。

②外加角钢带穿墙螺栓直径可采用 10mm。

（2）外加角钢带的紧固螺栓处应设置 $\phi6$ 钢筋或 8 号铁丝与木屋盖的木梁、屋架下弦、檐檩或椽条等构件竖向拉结牢固（如图 8-6-1、图 8-6-2 所示）。避免风暴将木屋盖掀翻、刮走。

（3）角钢带在墙内、外侧对称布置，并用水平方向均匀布置的穿墙螺栓将角钢带和墙体夹紧；当房屋有木柱时，穿墙螺栓应布置在木柱两侧。

（4）外加角钢带和紧固螺栓应进行防腐处理，外抹保护层砂浆带厚度不应小于 30mm。

（5）代替圈梁的外加角钢带在楼、屋盖平面内应闭合，在阳台、楼梯间等楼板标高变换处应有局部加强措施；变形缝两侧的外加角钢带应分别闭合。

（6）内横墙楼、屋盖高度处的水平外加角钢带可用钢拉杆代替。

8.6.4.3　外加角钢带加固的施工要求

（1）将设置角钢带位置墙面沿水平向打磨平整，当原墙面碱蚀、酥松严重时，应先清除松散部分并用 1:3 水泥砂浆抹平。

（2）将设置角钢带位置的灰缝中的砂浆剔除（或切割）至角钢边宽的深度，并用水冲净浮灰。

（3）灰缝中填塞高标号环氧水泥砂浆，将角钢带的一边嵌入，并固定角钢带直至水泥砂浆终凝。

（4）沿水平方向间隔不超过 250mm 均匀布置穿墙螺栓的孔位，当有木柱时在木柱的两侧布置，孔位宜布置在竖缝处；钻孔、穿螺栓并紧固。

（5）按布置的孔位，采用电钻在砖缝处打孔，宜采取边打孔、边紧固螺栓的施工流程。

（6）对角钢带和螺栓头涂刷防锈涂料。

（7）外抹不小于 30mm 厚的保护层砂浆带。

8.6.5　钢拉杆加固

代替内墙圈梁的钢拉杆，应符合下列要求：

（1）当每开间均有横墙时，应至少隔开间采用 2 根 $\phi12$ 的钢拉杆；当多开间有横墙时，在横墙两侧的钢拉杆直径不应小于 14mm。

（2）沿横墙布置的钢拉杆两端应锚入外加配筋砂浆带内或与原墙体锚固，但不得直接锚固在外廊柱头上；单面走廊的钢拉杆在走廊两侧墙体上都应锚固。

（3）当钢拉杆在外加配筋砂浆带内锚固时，可采用端部弯折锚固或加焊 80mm×80mm×8mm 的锚板埋入外加配筋砂浆带内；弯折部分的长度不应小于拉杆直径的 35 倍；锚板与墙面的间隙不应小于 50mm，用 1∶3 水泥砂浆垫实。

（4）钢拉杆在原墙体锚固时，应采用钢垫板，拉杆端部应加焊相应的螺栓；钢拉杆在原墙体锚固的方形钢锚板的尺寸不应小于 100mm×100mm×8mm。

（5）钢拉杆应张紧，不得弯曲和下垂；外露铁件应涂刷防锈漆。

8.6.6　抗风暴专项加固

（1）加强墙体与木构架的连接

砖砌体、生土墙和石砌体承重房屋的木屋架、硬山搁檩的檩条应采用 8 号铁丝与埋置在 1/2 墙高处的铁件竖向拉结，以保证屋盖不被台风掀翻。

（2）屋面的防风措施

①木望板屋面的屋檐四周应设置封檐板，以阻止气流进入屋盖内部。

②当采用椽子直接搁置小青瓦屋面时，由于屋面内外空气连通，应采用竹竿或木杆网格压顶措施，以防止台风吹坏屋面。

（3）门窗的防风措施

①门窗框与洞口四周墙体应采用预埋木砖或铁件等连接牢固。

②对遭受台风袭击频率较高的沿海地区，门窗玻璃可采用简易有效的钢筋栅栏、铁丝网、尼龙网等防护措施，以防止台风扬起物对门窗玻璃的打击。

③村镇中的公共建筑必须进行抗风暴设计，以便在台风发生时用于躲避风暴和人员救助。

9 村镇住宅灾后住区恢复重建规划技术指导手册

9.1 我国乡村布局形式

我国乡村建设布局大体可分为三种形式：集中型、分散型和条带型。布局形式主要受地理环境的影响和生产条件的要求而形成。

9.1.1 集中型布局

平原地区的乡镇和村庄大多为集中型布局，平原地区的地理环境优越，道路交通等基础设施发达，布局受地理环境的约束较小。生产区（田地）基本在居住区（村庄）的周围（如图 9-1-1、图 9-1-2 所示），从居所到生产地点交通便捷，运输方便。乡镇所在地一般在几个所辖村庄范围的中心位置。集中型布局易于进行建设规划和防灾规划。

图 9-1-1 平原地区集中型布局的乡镇

图 9 - 1 - 2 平原地区集中型布局的村庄

9.1.2 分散型布局

分散型布局主要在山区，如四川、云南、江西、湖南等山地地区。分散型主要是以自然村或生产组划分。受地理环境约束所致，居所难以较大规模集中，道路等基础设施不通达，交通运输不便（如图 9 - 1 - 3 所示）。乡村建设规划和防灾规划难度较大。

图 9 - 1 - 3 山区分散型布局的村庄

9.1.3　条带型布局

在江浙等水乡平原地区多为条带形布局。条带型布局也主要是受自然环境影响所致，江南水乡沟渠纵横，人口密度大，人均土地面积少，乡村民居多沿道路、沟渠布置（如图9-1-4、图9-1-5所示）。条带型布局对乡村建设规划和防灾规划也会造成一定的难度。

图9-1-4　江南水乡平原地区条带型布局的村庄

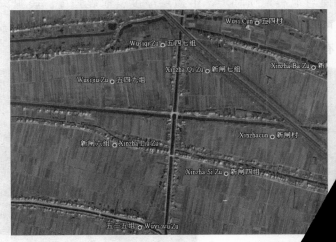

图9-1-5　江南水乡平原地区条带型布局的村庄

由上述内容可知，集中型布局的村镇人口与建筑相对集中，易于进行建设规划和防灾规划。分散型和条带型村庄由于单位土地面积的人口和住宅相对较少，在不改变现状的情况下规划的意义不大。因此，本手册仅适用于集中型布局村镇的震后恢复重建规划。

9.2 场地与地形地貌震害调查

场地震害主要指地形、地貌的震害，包括：地裂缝、喷砂冒水、山体与堤岸滑坡、地表塌陷等。在进行震后恢复重建规划之前，应对这些地形、地貌的震害进行现场调查。

地形、地貌震害调查的目的是获取地形、地貌震害的数据，这些数据可用来表述地表震害程度，以便用来判定建设场地的适宜性。如地裂缝的长度、宽度与分布状况；砂土液化程度、范围；山体与堤岸滑坡规模；地表塌陷程度、范围；以及这些地形、地貌震害对人工建筑的影响等。

9.2.1 地裂缝调查

地裂缝是地表震害的主要特征之一（如图 9 - 2 - 1 所示），当地裂缝穿过建筑物时，通常会造成建筑物的严重破坏（如图 9 - 2 - 2、图 9 - 2 - 3 所示）。缝的规模与地震地质环境、覆盖层厚度、地震强度、震源深度等有关。可能较少出现；强烈地震下往往较多出现，且地裂缝较长、较宽，多条走向大致相同的裂缝出现，形成地裂缝带。

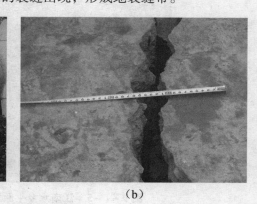

（b）

地震造成地表裂缝

图9－2－2 地震造成的水库坝体
裂缝（刘爱文提供）

图9－2－3 地震造成的堤坝裂缝

对地裂缝的调查，主要应获取以下数据。

1. 地裂缝的走向

地裂缝走向可采用指南针和角度仪在现场测量，也可标到地形图上后测量，标示方法如"北偏东30度"等。

2. 地裂缝长度

对几百米以内较短的地裂缝，可采用米尺直接测量；对较长的，如千米以上的地裂缝，可采用常用的激光测距仪进行实地测量，也可在实地找多个标示点，将其放到地形图上用线段连接起来，再在地形图上测量其长度。

3. 地裂缝宽度和深度

地裂缝的宽度和深度可用卷尺（或米尺）在实地直接测量。

4. 地裂缝造成的影响

对地裂缝造成的建筑、道路、桥梁、管线等的破坏进行描述。

5. 地裂缝的区域分布

将每一条地裂缝的长度、走向等都在地形图上标出，就可看出地裂缝的区域分布情况。对于村镇这样的小区域范围，上述测量方法是可行的，而要了解像唐山7.8级和汶川8.0级这样的特大地震对大区域地形地貌造成的破坏，采用上述测量方法显然难以满足要求，这时可利用GPS定位技术获得的地表形变资料来描述地震影响区域内地裂缝的分布和地表位移的分布状况。这些数据可用来表述地表震害程度，以便用来判定建设场地的适宜性。

9.2.2 喷砂冒水调查

地震后场地出现喷砂冒水，也是地表震害的主要特征之一。喷砂冒水说明场地地表以下存在饱和沙土层或粉土层，地震造成的场地振动导致饱和沙土层或粉土层液化，在上层土压力下冒出地表。大面积的喷砂冒水可造成建设场地的严重破坏（如图9-2-4、图9-2-5所示）。

图9-2-4 新疆巴楚地震喷砂
冒水造成地表破坏

图9-2-5 喷砂冒水孔口

对喷砂冒水的调查，主要应获取以下数据和记录（文字和照片等影像资料）。

1. 喷砂冒水的地点和数量

进行实地调查，摸清楚村镇区域内喷砂冒水的数量和地点，并标示在地形图上。

2. 喷砂冒水的规模

对较严重的喷砂冒水点冒出的砂量、影响范围、覆盖面积（半径）进行测量，标示在地形图上，并进行文字和照片记录。

3. 喷砂冒水造成的影响

对喷砂冒水造成的建筑、道路、桥梁、管线等的破坏进行记录，照片与文字相结合。

4. 喷砂冒水的区域分布

将每一个喷砂冒水点及其影响范围在地形图上标出，就可看出喷砂冒水的区域分布情况。

这些数据和记录内容可用来表述液化程度，以便用来判定建设场地的适宜性。

9.2.3 山体、堤岸滑坡调查

当地震发生在山区时，有时会产生山体滑坡（如图9-2-6所示），河湖堤岸也可能发生滑坡（如图9-2-7所示）。山体、堤岸滑坡与山体、堤岸岩土组成成分、地震强度有关。中低强度地震一般很少发生山体、堤岸滑坡；砾石岩土和风化严重的山体在强烈地震作用下较易发生山体滑坡。特别是在雨季，砾石岩土山体雨水饱和后在强烈地震作用下很容易发生山体滑坡，河湖堤岸在强烈地震作用下也容易发生滑坡。

图9-2-6　汶川地震山体滑坡堵塞河流　　图9-2-7　汶川地震造成的湖岸滑坡

对山体、堤岸滑坡的调查，主要应获取以下数据和记录（文字和照片等影像资料）。

1. 山体、堤岸滑坡的地点和数量

查清山体、堤岸滑坡的地点和数量，并标示在地形图上。

2. 山体、堤岸滑坡的规模

对各山体、堤岸滑坡点的滑坡体积、滑坡面的面积进行测量、计算，标示在地形图上，并进行文字和照片记录。

3. 山体、堤岸滑坡的影响范围

对滑坡体的覆盖范围进行测量，对覆盖的内容（如河流、村庄、道路、桥梁等）进行描述，对滑坡体的覆盖厚度、宽度等进行测量，相关内容进行文字和影像记录。

这些数据和记录内容可用来表述滑坡程度，以便用来判定建设场地的适宜性。

9.2.4 地表塌陷调查

对地下存在溶洞、采空区等地段，地震时容易发生地表塌陷（如图9-2-8所示）。当地表塌陷发生在村镇所在地时，将对地面建筑造成毁坏性破坏。

（a）

（b）

图9-2-8 江西九江地震地表塌陷

对地表塌陷的调查，主要应获取以下数据和记录（文字和照片等影像资料）。

1. 地表塌陷的地点和数量

查清地表塌陷的地点和数量，并标示在地形图上。

2. 地表塌陷的规模

对各塌陷点的半径、深度进行测量，标示在地形图上，并进行文字和照片记录。

3. 地表塌陷的影响范围

对地表塌陷的影响范围进行描述，对因塌陷造成的村庄、建筑、道路、桥梁等的破坏进行描述，相关内容进行文字和影像记录。

这些数据和记录内容可用来表述建筑场地的震陷程度，以便用来判定建设场地的适宜性。

9.3 村镇建筑震害调查

在进行村镇恢复重建规划之前，还应对村镇建筑在地震作用下的震害情况进行调查，这项工作可与震后建筑快速评估工作相结合。

震后建筑震害调查的目的、意义：

（1）对严重破坏和局部倒塌的建筑物，应排除险情，禁止人员进入，避免发生二次人员伤亡。

（2）划分建筑震害程度，对判断处在基本完好和轻微破坏程度的房屋即时利用，减少室外露宿人数，减轻受灾群众生活疾苦，有利于灾区社会治安和环境卫生管理，避免发生传染性疾病等地震次生灾害。

（3）建筑震害现场调查是灾后恢复重建的一项必不可少的前期工作，划分建筑震害程度，明确恢复重建（加固）的数量和规模，为政府决策提供依据。

（4）地震灾区是一座天然建筑震害博物馆，参加快速评估的工程技术人员不仅能够获得强烈的感性认识，更有利于总结经验、汲取教训，提高业务水平。

9.3.1 村镇建筑结构类型

我国地域辽阔，是多民族国家，地理和气候条件跨度大，民族风俗习惯多样，建筑上则主要表现在建筑形式和建筑风貌的多样性。地震实践说明，建筑形式和风貌与房屋抗震能力的关系并不大，与抗震能力密切相关的是房屋结构的整体性、砌体的砌筑砂浆强度、屋盖各构件之间的连接强度等。

由于我国大多数农民家庭经济状况仍然较差，同时受自然条件限制，建筑材料的选择余地不大，各种建筑材料混用的情况较为普遍。如在同一栋房屋中，砖墙、土墙、石墙混用（如图9-3-1、图9-3-2所示），或在一道墙体中砖、石、土坯混用（如图9-3-3、图9-3-4所示），使得村镇房屋的结构类型非常复杂，也造成房屋结构的整体性很差，受地震破坏严重。

图9-3-1 江西九江砖外墙土
内横墙承重房屋

图9-3-2 江西九江砖外山墙土
纵横墙承重房屋

图 9 - 3 - 3　山东莱西石、砖、　　　　图 9 - 3 - 4　江西九江下砖上
　　土混合墙体房屋　　　　　　　　土坯墙承重房屋

近些年来，随着国家经济发展，村镇地区农民家庭经济状况逐步好转，上述这种不同材料混合使用现象正在减少，经济发展状况较好地区的民宅逐步采用结构形式比较明确的砖木结构或砖混结构。

尽管村镇房屋的结构类型复杂多样，但通过调查、总结可知，村镇中砖砌体结构、木构架结构、生土结构和石砌体结构还是占大多数。因此，在进行房屋震害调查时，主要按这 4 种结构类型分类调查是合理的，再加上砖土、石土、木土混合承重房屋共 5 种结构类型。

（1）生土结构房屋

屋架、屋盖重量以及其他荷载由生土墙体承担，主要包括：土坯墙房屋，夯土墙房屋（俗称干打垒或板打墙）以及土窑洞等。屋盖构件主要为木屋架、木檩条、木椽条、木望板、瓦屋面。

（2）砖土、石土、木土混合承重房屋

屋架、屋盖重量以及其他荷载由混合墙体承担（如图 9 - 3 - 1、图 9 - 3 - 2、图 9 - 3 - 3、图 9 - 3 - 4 所示），主要有下砖上土坯或夯土墙，下石上土坯或夯土墙；砖纵墙土山墙、砖外墙土内横墙、砖外山墙土纵横墙；砖柱土墙（仅房屋的四角设有砖柱，墙体用土坯砌筑，硬山搁檩，屋盖重量主要由土山墙承担）等。屋盖构件主要为木屋架、木檩条、木椽条、木望板、瓦屋面（或泥背）。

（3）木构架承重房屋

屋架、屋盖重量以及其他荷载由木柱及其形成的木构架承担。根据木构架的结构形式不同可分为下列几种：穿斗木构架，木柱木屋架，木柱木梁等。屋盖构件主要为木构架、木屋架或木梁，其上为木檩条、木椽条、木望板、瓦屋面（或泥背）。

（4）石砌体结构房屋

石结构房屋由石墙承重，按墙体所采用的石材可分为料石和毛石房屋，有木屋盖和钢筋混凝土楼屋盖，也有采用石板楼屋盖。屋盖构件主要为木屋架、木檩条、木椽条、木望板、瓦屋面。

（5）砖砌体结构房屋

砖砌体房屋由砖砌墙体承重是目前我国村镇采用最多、最普遍的结构形式。这种房屋的类型很多，按屋盖结构形式可分为砖木结构和砖混结构。

砖木结构的屋盖和楼盖均采用木制构件，屋盖构件主要为木屋架、木檩条、木椽条、木望板、瓦屋面（或泥背）。砖混结构的屋盖和楼盖均采用现浇或装配式钢筋混凝土构件。按承重墙体的类型又可分为实心墙体房屋和空斗墙体房屋。

9.3.2　村镇建筑震害程度划分标准

房屋的震害状况（震害程度）通常分成若干等级，各震害等级有统一的标准定义，以便震害调查时按等级归类。村镇房屋破坏分级是根据如前文所述的建设部《建筑地震破坏等级划分标准》（90）建抗字第 377 号文件的规定，结合村镇房屋不同结构类型的特点划分的。

1. 砖砌体房屋震害分级

（1）基本完好：承重墙体或砖柱完好；屋面溜瓦；非承重墙体轻微裂缝；附属构件有不同程度的破坏。

（2）轻微破坏：承重墙体或砖柱基本完好或部分轻微裂缝；非承重墙体多数轻微裂缝，个别明显裂缝；山墙轻微外闪或掉砖；附属构件严重裂缝或塌落。

（3）中等破坏：承重墙体或砖柱多数轻微破坏或部分明显破坏；个别屋面构件塌落；非承重墙体明显破坏。

（4）严重破坏：承重墙体或砖柱多数明显破坏或部分严重破坏；承重屋架或檩条断落引起部分屋面塌落；非承重墙体多数严重裂缝或倒塌。

（5）倒塌：承重墙体或砖柱多数严重破坏或倒塌，屋面塌落。

2. 木构架房屋震害分级

（1）基本完好：木柱、围护墙体完好；屋面溜瓦；隔墙轻微裂缝；附属构件有不同程度的破坏。

（2）轻微破坏：木柱、围护墙体完好或部分轻微裂缝；隔墙多数轻微裂缝，个别明显裂缝；山墙轻微外闪或掉砖；附属构件严重裂缝或塌落。

（3）中等破坏：木柱、围护墙体多数轻微破坏或部分明显破坏；个别屋面构件塌落；隔墙明显破坏。

（4）严重破坏：木柱倾斜、围护墙体多数明显破坏或部分严重破坏；屋架或檩条掉落引起部分屋面塌落；隔墙多数严重裂缝或倒塌。

（5）倒塌：木柱多数折断或倾倒，围护墙、隔墙多数倒塌。

3. 生土房屋震害分级

（1）基本完好：承重生土墙体完好；个别非承重墙体轻微裂缝；附属构件有不同程度的破坏。

（2）轻微破坏：承重生土墙体完好或部分轻微裂缝；非承重墙体多数轻微裂缝，个别明显裂缝；山墙轻微外闪或掉砖；附属构件严重裂缝或塌落。

（3）中等破坏：承重生土墙体多数轻微破坏或部分明显破坏；个别屋面构件塌落；非承重墙体明显破坏。

（4）严重破坏：承重生土墙体多数明显破坏或部分严重破坏；承重屋架或檩条断落引起部分屋面塌落；非承重墙体多数严重裂缝或倒塌。

（5）倒塌：承重生土墙体多数塌落。

4. 石砌体房屋震害分级

（1）基本完好：承重墙体或石柱完好；非承重墙体轻微裂缝；附属构件有不同程度的破坏。

（2）轻微破坏：承重墙体或石柱完好或部分轻微裂缝；非承重墙体多数轻微裂缝，个别明显裂缝；山墙轻微外闪；附属构件严重裂缝或塌落。

（3）中等破坏：承重墙体或石柱多数轻微破坏或部分明显破坏；个别屋面构件塌落；非承重墙体明显破坏。

（4）严重破坏：承重墙体或石柱多数明显破坏或部分严重破坏；承重屋架或檩条断落引起部分屋面塌落；非承重墙体多数严重裂缝或倒塌。

（5）倒塌：承重墙体或石柱多数塌落。

5. 土木砖石混合砌体房屋震害分级

对土、木、砖、石混合砌体房屋的震害分级，可根据震害情况参照上述 4 种结构类型的相对应震害等级来判定其震害程度。

9.4 村镇生命线工程震害调查

村镇生命线系统相对城市而言比较简单，主要包括供电、供水、医疗卫生、通信、粮食供给、道路等。生命线系统是村镇重要设施，除了房屋（生产性建筑）的震害调查具有相同特点外，其他设备、管线的震害则各有特点。

9.4.1 供电系统震害调查

镇（乡）和村供电系统的区别主要是供电设施的规模不同，一般乡镇需要有一个小型变电站，大多采用 35 千伏。一般有一栋单层的配电室，室内有开关柜、配电屏、蓄电池组等设备。室外有主变压器、母线桥、断路器、互感器、隔离开关、避雷器等电气设备。乡镇街区设有配电变压器以及配电线路等。一般村庄内大多设有几台配电变压器，供村内照明和小型粮食加工、木工、机修等车间用电。村镇供电系统震害主要调查以下内容。

（1）配电室震害。小型配电室大多是砖混结构，其震害程度可按砖砌体房屋的震害划分标准来判定。

（2）室内设备。检查开关柜、配电屏、蓄电池组等设备有无倾倒、掉落摔坏等现象。

（3）室外设备。检查主变压器有无位移、落轨，瓷套管有无断裂；母线桥（架）和绝缘子有无断裂；断路器、互感器、隔离开关、避雷器等电气设备有无断裂等（如图 9-4-1、图 9-4-2 所示）。

（4）乡镇和村庄内的配电变压器有无位移或从杆架上掉落摔坏；配电线路有无倒杆、断线等。

图 9 - 4 - 1　主变压器落台拉坏　　　　图 9 - 4 - 2　断路器、隔离开关、避雷器
　　　　　　母线（谢强提供）　　　　　　　　　　　断裂（谢强提供）

9.4.2　供水系统震害调查

　　一般乡镇的供水系统大多是由机井和水泵房、水塔、供水管线组成；村庄则多为水井、家庭压水井，也有少量机井和水泵房、水塔、供水管线组成的供水系统。村镇供水系统震害主要调查以下内容。

　　（1）水泵房的震害。小型水泵房大多是砖混结构，其震害程度可按砖砌体房屋的震害划分标准判定。

　　（2）配电变压器的震害。检查落地式配电变压器是否有位移或拉断瓷套管，检查杆架上的配电变压器是否有掉落摔坏现象。

　　（3）管线的震害。检查供水压力有无下降，巡查地裂缝处或漏水处管线的断裂情况。

　　（4）水塔的震害。检查水塔筒壁是否有裂缝以及开裂程度等（如图 9 - 4 - 3、图 9 - 4 - 4 所示）。

图 9 - 4 - 3　砖砌水塔筒壁严重开裂　　　　图 9 - 4 - 4　转水塔筒壁断裂水箱落地

9.4.3 医疗卫生系统震害调查

一般乡镇设有卫生院，乡镇卫生院属于重要救灾建筑，其规模与城市中的社区医院相当。有一定数量的医务人员和透视、化验、手术等医疗设备。乡镇医疗卫生系统震害主要调查以下内容。

（1）医院房屋震害。乡镇卫生院房屋大多为砖混或砖木结构，一般不超过三层，其震害程度可按砖砌体房屋震害划分标准来判定。

（2）医疗设备震害。检查各种医疗设备有无倾倒、掉落摔坏等。

9.4.4 通信系统震害调查

一般乡镇设有邮电局，主要用于电话和信件、包裹的邮递业务。乡镇通信系统震害主要调查以下内容。

（1）邮电局房屋震害。乡镇邮电局房屋大多为砖混或砖木结构，其震害程度可按砖砌体房屋震害划分标准来判定。

（2）邮电设备震害。检查各种邮电设备有无倾倒、掉落摔坏等。

9.4.5 粮食系统震害调查

一般乡镇有小型粮油、饲料加工等乡镇企业，其震害主要调查以下内容。

（1）粮食加工房屋震害。粮食加工房屋大多为砖混或砖木结构，其震害程度可按砖砌体房屋震害划分标准来判定。

（2）粮食加工设备震害。检查各种电气设备和机械设备有无位移、倾倒、掉落摔坏等现象。

9.4.6 道路交通系统震害调查

一般乡镇设有公共汽车站，道路交通系统震害主要调查以下内容。

（1）公共汽车站房屋震害。乡镇公共汽车站大多为砖混或砖木结构，其震害程度可按砖砌体房屋震害划分标准来判定。

（2）道路震害。勘察途经乡镇和村庄的道路有无影响交通的严重裂缝、塌陷、隆起等震害现象。特别是能否影响抢险救灾车辆和消防车辆的通行。

（3）桥梁震害。勘察乡镇主要出入口道路上跨河桥梁的震害情况。

9.5 抗震防灾重建规划主要内容

9.5.1 总则

根据震后调查的房屋建筑、生命线工程的破坏情况，人员伤亡和经济损失情况，以及此次的地震烈度、地形地貌破坏情况等，制订恢复重建抗震防灾规划。恢复重建抗震防灾规划通常包括规划的目的、规划编制依据、原则、目标，规划区范围和规划期限等内容。

1. 规划编制依据

规划编制依据通常包括三部分内容：国家现行的法律法规，国家现行的技术标准，地方相关的法规和技术标准。

（1）法律法规

《中华人民共和国城乡规划法》（2008年1月1日起施行）

《中华人民共和国防震减灾法》（2009年5月1日起施行）

《中华人民共和国突发事件应对法》（2007年11月1日起施行）

《城市抗震防灾规划管理规定》（建设部令第117号，2003年11月1日起施行）

《市政公用设施抗震设防管理规定》（住建部令第1号，2008年12月1日起施行）

《房屋建筑工程抗震设防管理规定》（建设部令第148号，2006年4月1日起施行）

（2）国家现行技术标准

《中华人民共和国地震动参数区划图》（GB18306）

《建筑工程抗震设防分类标准》（GB50223）

《城市抗震防灾规划标准》（GB50413）

《镇（乡）村建筑抗震技术规程》（JGJ161）

《建筑抗震设计规范》（GB50011）

《构筑物抗震设计规范》（GB50191）

《建筑抗震鉴定标准》（GB50023）

《建筑抗震加固技术规程》（JGJ116）

（3）地方相关法规和技术标准

2. 规划编制原则

规划编制应贯彻"预防为主，防、抗、避、救相结合"的方针，根据抗震防灾需要，以人为本，平灾结合，因地制宜，突出重点，统筹规划，在发展过程中逐步完善抗震防灾措施。

3. 规划编制目标

目前，抗震防灾规划相关的法规只有《城市抗震防灾规划管理规定》（建设部令第 117 号，2003 年 11 月 1 日起施行），该部令适用于建制镇，没有针对村庄的相关规定，村庄的抗震防灾规划可以参照执行。建设部令 117 号第八条规定了城市抗震防灾规划编制应当达到基本目标：

（1）当遭受多遇地震时，城市一般功能正常。

（2）当遭受相当于抗震设防烈度的地震时，城市一般功能及生命系统基本正常，重要工矿企业能正常或者很快恢复生产。

（3）当遭受罕遇地震时，城市功能不瘫痪，要害系统和生命线工程不遭受破坏，不发生严重的次生灾害。

（4）规划区范围和规划期限。对于建制镇，规划区范围和规划期限与镇的总体规划相一致；对于非建制镇和乡、村庄，规划区范围和规划期限应与其建设规划相一致。

9.5.2 土地抗震利用规划

土地抗震利用规划主要是对建设场地选择提出要求，可根据地形地貌震害调查情况确定。如根据地裂缝或地裂缝带的宽度、走向和范围，沙土液化程度（即喷砂冒水的严重程度）和影响范围，山体、堤岸滑坡的影响范围，地表塌陷的严重程度和影响范围等，确定规划建设的位置走向。

通常要避开上述这样的地震危险地段，选择适宜建设地段，根据建设场地规划结论，对乡镇或村庄提出建设发展方向等。

9.5.3 生命线系统抗震防灾规划

村镇生命线系统主要包括供电、供水、医疗卫生、通信、道路交通、粮食供给等。恢复重建抗震防灾规划应根据地震中各系统存在的主要问题，即抗震方面存在的不足、薄弱环节等提出改进方案，对新建生命线系统提出抗震注意事项和要求等。主要有以下内容。

（1）生命线系统中的新建建筑，应按相关的建筑抗震设计规范、标准进行抗震设防。

（2）根据建筑震害调查情况，对处于轻微破坏的房屋进行维修，对处于中等破坏且有加固价值的房屋进行抗震加固。

（3）新建生命线系统设施，电气设备应选用抗震性能好的产品；地面或杆架上的配电变压器应采用螺栓与基座锚固；备用发电机组、开关柜、配电屏等应设置地脚螺栓并与基础锚固；蓄电池组应设有防止电池组掉落、倒塌的防护措施。

（4）根据设备震害调查情况，对处于轻微破坏程度的设备进行修复，对损坏的设备，应更换抗震性能好的产品。

（5）根据设备震害调查情况，对粮食加工等乡镇企业中浮搁的机械设备采取锚固措施加固。

（6）道路是震后抢险救灾的重要生命线工程，关系到抢险救灾能否顺利进行。规划时应根据道路震害调查情况，对地震中易产生液化地段采取消除液化影响措施。

（7）村镇出入口道路上的跨河桥梁是抢险救灾的重要工程，一般情况下应提高一度采取抗震措施。因此，应根据震害调查情况提高一度进行维修、加固或重建。

9.5.4　建筑抗震防灾规划

对新建住宅提出抗震防灾要求，对已有建筑提出修复、加固与改造要求。对需要抗震加固的房屋应提出加固方案，提出抗震加固的优先顺序原则等规划要求。

（1）对规划区内村镇建筑抗震防灾进行指导和监管。

（2）村镇建设中的新建公共建筑、中小学校舍、幼儿园、乡镇企业建筑及其他二层以上建筑，应按《建筑抗震设计规范》（GB 50011）进行抗震设防。

（3）两层及以下农民自建新建房屋应按《镇（乡）村建筑抗震技术规程》（JGJ 161）等规范标准进行抗震设计施工，保证抗震防灾能力。

（4）历史文物保护建筑和历史风貌建筑宜采取抗震保护性修复与加固措施。

（5）根据建筑震害调查情况，对处于轻微破坏的房屋进行维修，对处于中等破坏且有加固价值的房屋进行抗震加固。

（6）抗震加固的优先原则及顺序通常为：本着先重点、后一般，先破坏影响大、后破坏影响小的原则。具体到村镇，应先公共建筑、中小学校舍、幼儿园，再乡镇企业建筑，再一般住宅建筑。

9.5.5 地震次生灾害防御规划

乡镇和村庄易发生的地震次生灾害主要包括火灾、爆炸（如爆竹生产车间等）、水灾、滑坡、泥石流等；应对次生灾害源点进行抗震防灾规划，包括相关的房屋建筑、生产设备等；还应包括次生灾害防御的管理对策和技术对策等规划内容。

村镇中易于产生地震次生灾害的主要是生产烟花爆竹、具有腐蚀性和毒性的维修加工等乡镇企业。恢复重建规划应考虑将这样的乡镇企业放置在村镇常年主风向的下风向，并远离人口密集区。

根据场地与地形地貌震害调查情况，地震时易于产生滑坡、泥石流的地段属于地震危险地段，规划时应予以避开。

9.5.6 避震疏散规划

由于乡镇和村庄房屋仅为一、二层，高度较低，地震时较易逃离房屋疏散。当房屋之间有一定的空间间隔或道路有相对足够的宽度（如不低于6m）时，人员的紧急避震疏散场地较城市容易满足要求。在规划建设时宜在村镇中心地带设置足够的固定避震疏散场地，可在灾后方便灾民的救助和管理。

乡镇建筑密度和人口密度较村庄大，但比城市要小，为了地震时便于进行救护和生活管理，乡镇和村庄均应设置固定避震疏散场所。固定避震疏散场所人均面积一般不少于2平方米，乡镇中可根据人口数量，将公园或小广场作为避震疏散场所，村庄可将村委会房屋前面的空场作为固定避震疏散场所。

9.5.7 其他

村镇抗震防灾规划还应包括：①规划实施安排：包括近期抗震防灾建设和中、远期抗震防灾建设；②规划的管理和保障措施：包括规划实施的协调和管理；加强宣传培训；增强全民抗震减灾意识和能力；建立稳定的投入保障机制；确保规划实施；维护规划的法律有效性等事项。③规划的修订和解释：主要包括规划修编、修编报批等。

9.6 抗震防灾规划实例

由于村镇防灾技术标准正在制定中，目前针对村镇建设开展抗震防灾规划工作的省市不多。已有的防灾规划主要是近十多年来应退田还湖、退耕还林、移民建镇等工程建设的需要进行的。几个实例如图9-6-1、图9-6-2、图9-6-3、图9-6-4、图9-6-5所示。

图9-6-1 克约村大坪安置区防灾减灾规划（黄襄云提供）

图9-6-2 克约村大坪安置区防灾减灾规划（黄襄云提供）

图 9 – 6 – 3　新疆抗震安居工程规划图（肖代君提供）

图 9 – 6 – 4　新疆抗震安居工程规划图（肖代君提供）

图 9 – 6 – 5　新疆抗震安居工程规划图（肖代君提供）

9.7 草泥辫围护墙简易住房

村镇遭受到地震灾害后，除了抢险救灾、抢救伤员外，另一项重要工作就是尽快搭建简易住房，使灾民早日入住，以减少室外露宿人数。这不仅可以减轻受灾群众生活疾苦，也有利于灾区社会治安和环境卫生管理，避免发生传染性疾病等地震次生灾害。

9.7.1 简易住房的基本要求

灾后"简易住房"也可称其为灾后"临时住房"，即建造永久性住房之前的过渡性房屋。因此，简易住房应符合以下基本要求。

（1）可就地取材。如果不能因地制宜、就地取材，建筑材料从外地运输，简易住房的造价就会过高，灾民和社会将不堪重负，失去建造意义。

（2）易于建造。简易住房要易于建造，应能在较短的时间内建成，如加上备料时间用 10～15 天内建成主体结构，突出一个"快"字。

（3）具有抗御设防烈度地震的能力，即具有抗御发生的相当于本地区设防烈度地震的能力以及抗御余震的能力。

（4）绿色环保，可回归自然。在永久性住房建成后，大部分建筑材料可拆除归田，剩余的可继续利用，不产生环境污染。

（5）在各种气候下基本达到居住条件要求，即无论在南方、北方，还是一年四季，均可居住。

9.7.2 简易住房的结构类型

简易住房的结构类型，可根据当地自然环境、山林特产，因地制宜选取主体结构类型。对热带和亚热带地区可采用竹结构房屋；对地处温带和寒带的村镇宜采用木构架承重结构，可以是木柱木屋架或木柱木梁、木柱木檩结构。

对热带和亚热带地区可采用竹条围护墙或竹片围护墙，也可采用木板围护墙；对地处温带的村镇宜采用单层草泥辫围护墙；地处寒带的村镇宜采用双层草泥辫围护墙。当地震发生在冬季的寒带地区，最好采用棉帐篷。

下面着重介绍适用于各种温度带的村镇单层和双层草泥辫围护墙房屋。

9.7.3 草泥辫围护墙房屋

草泥辫围护墙（如图9-7-1所示）房屋的主体结构宜为木构架，可以是木柱木屋架、木柱木梁或木柱木檩结构。由于是临时性房屋，可不做基础，但应放线，并将地面抄平。承受屋盖重量的木柱埋入地面以下应不小于500mm且应设置柱脚石。

该简易住房的特点是：易于就地取材；施工工期短；材料规格要求低，易于利用短小材料或震后废物利用；由于墙体厚度可变，可用于全国各种气候带地区。

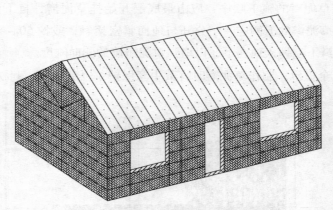

图9-7-1 草泥辫围护墙简图

1. 主要材料

草泥辫围护墙的主要材料为木条、土和草。因此，在施工前应准备好以下材料。

（1）木条：直径以50~80mm的原木杆为宜，长度不限，大体顺直即可。

（2）土：以黏性土为好。

（3）草：长度不低于300mm的野草、稻草等较为柔软的草，以干草为佳。

2. 施工工艺

（1）草泥辫支撑架：承重木柱之间可采用直径50mm左右的木杆直接插入地下300mm左右，由于水平木杆要承受草泥辫的重量，竖向木杆的间隔取决于水平木杆受弯的抗变形能力，具体间距不限。木柱与竖向木杆之间或竖向木杆之间应设置一定数量的竖向斜撑，以加强木构架承受水平地震作用的能力。将水平木条钉在承重木柱和承重木柱之间的竖向木杆的外侧,水平木条的竖向间隔500mm左右为宜。

（2）草把挂泥浆:首先将土中的砖、石、瓦块等杂物清除,将土拢堆、浇水,和成稍稀的泥浆,双手将草攘成直径50mm左右的草把,放进泥浆中旋转、挂浆,草把的长度约为水平木杆间距的2.5倍左右,约1250mm。草把挂浆时可在泥浆中边旋转挂浆,同时加草以增加长度。

（3）挂草泥辫:将挂完泥浆、长度合适的草把挂在上侧的水平木杆上,将其自上而下编成辫(即拧成麻花状),并回弯后固定在下侧的水平木杆上,即完成一个草泥辫的操作过程,草泥辫墙如图9-7-2所示。

（4）挂草泥辫的施工顺序:应由最底层开始挂草泥辫,自下而上,逐层完成。底层草泥辫的下侧应八字分开与地面紧密接触,或挖50~100mm深的浅沟将草泥辫下端埋入地面下,以增强草泥辫墙的侧向刚度。

（5）安全提示:制作草泥辫时宜戴手套保护,以免硬草、利物伤手。

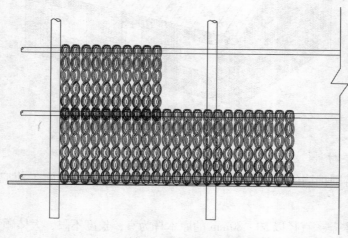

图9-7-2　草泥辫围护墙示意图

3. 抹草泥墙面

晴天时草泥辫易于晾干,干后的草泥辫具有一定的强度,此时可以进行抹墙面工序。宜采用草泥浆墙面,在土中加入适量的碎草,和成较黏稠的黏土泥浆抹面。

对于温带地区,在单层草泥辫两侧各抹40~50mm厚草泥面层即可,墙体总厚度约为120~160mm,或者更厚。

草泥墙面干硬后，应做散水并在地面以上抹300mm高的水泥砂浆面层，以防止雨水浸泡。

4. 寒带地区双层草泥辫围护墙

对于寒带地区，单层草泥辫围护墙的保温性能显然不够，应采用双层草泥辫围护墙。双层草泥辫围护墙的做法如下（如图9－7－3所示）：

（1）将水平木条钉在承重木柱的内外两侧，承重木柱之间的竖向木杆也分为内外两侧搭设，草泥辫的制作与施工和单层草泥辫墙的做法相同。

（2）双层草泥辫围护墙的厚度，可根据所在地区的寒冷程度确定，大多寒冷地区采用400~500mm厚可满足冬季室内温度要求。

（3）双层草泥辫之间，应沿水平和竖向每隔600mm左右设置拉结措施；可采用草泥辫拉结，也可采用荆条、树枝等材料拉结。

（4）双层草泥辫之间可采用一般的杂土进行填充，每填充300mm厚左右进行一次捣实，应采用木杆稍加捣实即可，不应大力夯实，以免胀裂草泥辫。

在寒带，宜采用三角形坡顶屋盖，屋面瓦可采用石棉瓦或铁皮瓦，屋架下弦标高处应设置顶棚，顶棚上可铺设50~100mm厚的锯末保温层。

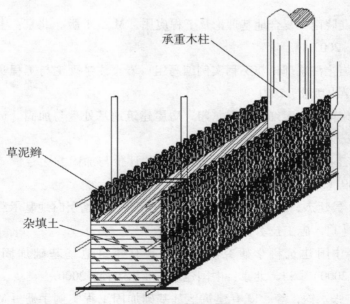

承重木柱

草泥辫

杂填土

图9－7－3 寒带地区双层草泥辫围护墙示意图

参考文献

[1] 叶书麟，叶观宝. 地基处理与托换技术 [M]. 3 版. 北京：中国建筑工业出版社，2005.

[2] 尚守平. 农村民居建筑抗震实用技术 [M]. 北京：中国建筑工业出版社，2009.

[3] 肖建庄. 农村住宅改造 [M]. 北京：中国建筑工业出版社，2010.

[4] 葛学礼，朱立新，黄世敏. 镇（乡）村建筑抗震技术规程实施指南 [M]. 北京：中国建筑工业出版社，2010.

[5] 江正荣. 地基与基础施工手册 [M]. 北京：中国建筑工业出版社，1997.

[6] 龚晓南. 复合地基理论及工程应用 [M]. 1 版. 北京：中国建筑工业出版社，2002.

[7] 岩土注浆理论与工程实例编写组. 岩土注浆理论与工程实例 [M]. 北京：科学出版社，2001.

[8] 朱博鸿，廖红建，周龙翔. 房屋建筑地基处理与加固 [M]. 1 版. 西安：西安交通大学出版社，2003.

[9] 唐业清. 房屋增层改建地基基础的评价与加固方法专辑 [J]. 铁道学报，1989（3）：93 - 99.

[10] 吴廷杰，等. 既有建筑物地基压密规律与增层时地基承载力评价方法的研究 [J]. 施工技术，1996（3）.

[11] 中国建筑科学研究院，等. 既有建筑地基基础加固技术规范（JGJ123 - 2000）[S]. 北京：中国建筑工业出版社，2000.

[12] 张永钧，等. 既有建筑地基基础加固工程实例手册 [M]. 北京：中国建筑工业出版社，2002.

[13] 范恩锟. 运用石灰桩加固软土地基的实际效果 [J]. 天津大学学

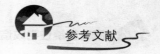

报，1957（2）：33－38.

［14］王伟堂，等．石灰桩加固大面积厂房软土地基［J］．地基处理，1990（1）：82－90.

［15］陈宇明．侧向受荷桩模型试验中桩土作用与土体位移场的分析研究［D］．上海：同济大学硕士论文，2005.

［16］李洋溢．条形基础加筋砂土地基室内模型试验的分析研究［D］．上海：同济大学硕士论文，2006.

［17］B. P. VERMA & J. N. JHA, Three Dimensional Model Footing Tests for Improving Subgrades Below Existing Footings, Earth Reinforcement Practice, Balkema, Rotterdam, 1992, 707－711.

［18］JEAN SALENCON. the Influence of Confinement on the Bearing Capacity of Strip Footings, C. R. Mecanique330 (2002) 319－326, 521－525.

［19］龙高荣．灰土桩处理地基的设计［J］．北京建筑工程学院学报，1995（11）：60－68.

［20］中国建筑科学研究院．建筑地基基础设计规范（G50007－2002）［S］．北京：中国建筑工业出版社，2002.

［21］中国建筑科学研究院．建筑地基处理技术规范（JGJ79－2002）［S］．北京：中国建筑工业出版社，2002.

［22］李敏，柴寿喜，魏丽．麦秸秆的力学性能及加筋滨海盐渍土的抗压强度研究［J］．工程地质学报，2009（4）：545－549.

［23］魏丽，柴寿喜，蔡宏洲．麦秸秆的物理力学性能及加筋盐渍土的抗压强度［J］．土木工程学报，2010（3）：93－98.

［24］高永涛，曲兆军，王孝存．竖向加筋砂土地基承载力的模型试验研究［J］．北京科技大学学报，2008（4）：349－353.

［25］柴维斯，曹兆丰．条形基础新加固方法研究［J］．广东工业大学学报，2009（1）：78－82.

［26］陈希哲．地基事故与预防［M］．1版．北京：清华大学出版社，1996.

［27］中国地震局监测预报司．中国大陆地震灾害损失评估汇编［M］．北京：地震出版社，2001.

［28］葛学礼，王亚勇，申世元，等．村镇建筑地震灾害与抗震减灾措施

［J］. 工程质量，2005，（12）：1–4.

［29］中国建筑科学研究院. 建筑抗震设计规范（2008 年版）（GB 50011 – 2001）［S］. 北京：中国建筑工业出版社，2008.

［30］葛学礼，朱立新，于文，等. 江西九江—瑞昌 M5.7 级地震空斗砖墙房屋震害分析［J］. 工程抗震与加固改造，2006（1）：10 – 17.

［31］葛学礼，朱立新，赵小飞，等. 浙江文成地震村镇空斗墙建筑震害分析［J］. 工程抗震与加固改造，2006（6）：106 – 109.

［32］葛学礼，王亚勇，朱立新. 建筑抗震设防是减轻地震灾害的根本途径［J］. 工程抗震，2003（2）：30 – 35.

［33］葛学礼，申世元，朱立新. 村镇抗震：存在问题与改进措施［J］. 建筑工程，2005（14）：10 – 11.

［34］吴慧娟，曲琦，葛学礼，等. 地震高发地区农村抗震能力建设与震后重建［J］. 工程抗震与加固改造，2004（5）：1 – 5.

［35］葛学礼. 我国村镇抗御灾害能力现状与减灾对策［J］. 中国应急管理，2008（12）：14 – 19.

［36］马永欣，郑山锁. 结构试验［M］. 北京：科学出版社，2001.

［37］张敏政. 地震模拟实验中相似律应用的若干问题［J］. 地震工程与工程振动，1997（2）：52 – 58.

［38］胡聿贤. 地震工程学［M］. 北京：地震出版社，1988.

［39］RAY W CLOUGH, JOSEPH PENZIEN. Dynamics of Structures［M］. New York：McGraw – Hill，1993.

［40］葛学礼，朱立新，于文. 建筑震害现场应急评估［C］. 2008 年城市安全减灾与工程规划研究与进展，2008：158 – 163.

［41］于文，葛学礼，朱立新，等. 村镇两层空斗砖墙房屋模型振动台试验研究［J］. 土木建筑与环境工程，2010（2）：511 – 515.

［42］中国建筑科学研究院. 建筑抗震加固技术规程（JGJ116 – 2009）［S］. 北京：中国建筑工业出版社，2009.

［43］四川省建设委员会. 民用建筑可靠性鉴定标准（GB 50292 – 1999）［S］. 北京：中国建筑工业出版社，1999.

［44］范章. SV – Ⅱ灌缝胶及其在古建筑土坯墙体加固中的应用［J］. 西北建筑与建材，2003（5）：26 – 28.

［45］中国建筑科学研究院．镇（乡）村建筑抗震技术规程（JGJ161 - 2008）［S］．北京：中国建筑工业出版社，2008．

［46］刘挺．生土结构房屋的墙体受力性能试验研究［D］．西安：长安大学硕士学位论文，2006．

［47］黄金胜．云南传统民居建筑抗震加固方法的研究［D］．昆明：昆明理工大学硕士学位论文，2007．

［48］焦春节．土坯、泥浆改性试验研究及生土墙体高厚比限值研究［D］．昆明：昆明理工大学硕士学位论文，2008．

［49］石玉成，林学文，王兰民，等．黄土地区生土建筑震害特征及防灾对策研究［J］．自然灾害学报，2003（3）：87 - 92．

［50］苏东君．城镇低矮房屋抗震性能分析［D］．西安：长安大学硕士学位论文，2006．

［51］王生荣，曹凯．黄土土坯墙墙体抗剪强度的试验研究［J］．工程抗震，1987（1）：31 - 35．

［52］李德荣，黎海南，陈丙午．甘肃农村土墙承重平房抗震性能的试验研究［J］．工程抗震，1987（3）：14 - 19．

［53］申世元．农村木构架承重土坯围护墙结构振动台试验研究［D］．北京：中国建筑科学研究院硕士学位论文，2006．

［54］中国建筑标准设计研究院组织．农村民宅抗震构造详图［M］．北京：中国计划出版社，2008．

［55］谢启芳．中国木结构古建筑加固的试验研究及理论分析［D］．西安：西安建筑科技大学博士学位论文，2007．

［56］鲁旭光．村镇木结构住宅抗震加固试验研究［D］．西安：长安大学硕士学位论文，2011．

［57］吴华伟．村镇木构架房屋抗震性能试验研究［D］．天津：河北工业大学硕士论文，2006．

［58］周乾，闫维明，李振宝，等．古建筑木结构加固方法研究［J］．工程抗震与加固改造，2009（1）：84 - 90．

［59］许清风．FRP加固木结构的研究进展［J］．工业建筑，2007（5）：104 - 108．

［60］冯远，刘宜丰，肖克艰．来自汶川大地震亲历者的第一手资料——

结构工程师的视界与思考 ［M］. 北京：中国建筑工业出版社，2009.

［61］谭明，李洋，等. 青海玉树 7.1 级地震房屋建筑震害调查和分析
［J］. 内部地震，2010（6）：173 – 179.

［62］四川省建筑科学研究院. 混凝土结构加固设计规范（GB50367 –
2006）［S］. 北京：中国建筑工业出版社，2006.

［63］谷军明. 村镇木结构房屋建筑抗震构造研究［D］. 昆明：昆明理工
大学硕士论文，2006.

［64］范迪璞. 村镇房屋抗震与设计［M］. 北京：科学出版社，1991.

［65］秦绍棠. 村镇住宅抗震措施［M］. 北京：中国建筑工业出版
社，1987.

［66］王瑛，史培军，王静爱. 中国农村地震灾害特点及减灾对策［J］.
自然灾害学报，2005（2）：82 – 89.

［67］王凤来. 汶川地震建筑震害分析与受损建筑加固通用图集［M］.
北京：中国建筑工业出版社，2009.

［68］王亚勇，黄卫. 汶川地震建筑震害启示录［M］. 北京：地震出版
社，2009.

［69］《村镇建设技术》丛书编委会. 村镇建筑抗震［M］. 天津：天津科
学技术出版社，1986.

［70］于文，葛学礼，朱立新. 新疆喀什老城区生土房屋模型振动台试验
研究［J］. 工程抗震与加固改造，2007（3）：24 – 29.